—— 心理自疗课 ——

The Self-Esteem Workbook for Teens
Activities to Help You Build Confidence and Achieve Your Goals
2nd Edition

青少年自尊手册

帮助建立自信并实现目标的 46 个活动

著　［美］丽莎·M. 沙布

译　陈　珏　王佳妮　盖英男

上海科学技术出版社

图书在版编目（CIP）数据

青少年自尊手册：帮助建立自信并实现目标的46个活动 /（美）丽莎·M.沙布（Lisa M. Schab）著；陈珏，王佳妮，盖英男译. -- 上海：上海科学技术出版社，2023.8（2025.1重印）
（心理自疗课）
书名原文：The Self-Esteem Workbook for Teens: Activities to Help You Build Confidence and Achieve Your Goals(Second Edition)
ISBN 978-7-5478-6209-4

Ⅰ. ①青… Ⅱ. ①丽… ②陈… ③王… ④盖… Ⅲ. ①自信心－青少年读物 Ⅳ. ①B848.4-49

中国国家版本馆CIP数据核字(2023)第116093号

THE SELF-ESTEEM WORKBOOK FOR TEENS: ACTIVITIES TO HELP YOU BUILD CONFIDENCE AND ACHIEVE YOUR GOALS, SECOND EDITION
BY LISA M. SCHAB, LCSW
Copyright: © 2022 BY LISA M. SCHAB
This edition arranged with NEW HARBINGER PUBLICATIONS
through Big Apple Agency, Inc., Labuan, Malaysia.
Simplified Chinese edition copyright:
2023 Shanghai Scientific & Technical Publishers
All rights reserved.

上海市版权局著作权合同登记号　图字：09-2022-0453号

青少年自尊手册：帮助建立自信并实现目标的46个活动
著　［美］丽莎·M.沙布
译　陈　珏　王佳妮　盖英男

上海世纪出版（集团）有限公司
上海科学技术出版社　出版、发行
（上海市闵行区号景路159弄A座9F-10F）
邮政编码201101　www.sstp.cn
上海光扬印务有限公司印刷
开本 787×1092　1/16　印张 15.75
字数 230千字
2023年8月第1版　2025年1月第2次印刷
ISBN 978-7-5478-6209-4/R·2780
定价：58.00元

本书如有缺页、错装或坏损等严重质量问题，请向印刷厂联系调换

推荐语

《青少年自尊手册：帮助建立自信并实现目标的46个活动》是一本优秀的聚焦于促进青少年心理健康成长的图书。本书通俗易懂，可读性强，不仅有很多案例可以帮助读者更好地理解其精华，还有一系列活动来帮助青少年建立自尊。这不仅是一本适合家长和青少年阅读的图书，而且也非常适合青少年心理卫生专业人员及心理教师学习、参考。相信本书会有助于我国青少年心理卫生工作更好地开展，让家长和青少年从中获益，从而助力青少年健康成长。

刘 靖

北京大学第六医院儿童心理卫生中心主任，中国心理卫生协会心理治疗与心理咨询专业委员会主任委员，亚洲儿童青少年精神医学及相关学科协会副主席

自尊是青少年心理健康水平的关键指标之一，也是青少年顺利度过青春期的关键密码。理想而健康的自尊不仅包括既确信自己有价值，又理解和接受自己的弱点，还包括承认他人的价值。要做到这一点很困难，但值得努力。由陈珏主任团队翻译的本书为青少年探索并培养健康的自尊勾勒出了内容路线图和技术路径图，贴合青少年的现实所需、贴近青少年的现实生活，清晰而具体。译者好眼光、好译笔、好有爱，赞！

李正云

上海市教育科学研究院教授，上海学生心理健康教育发展中心主任

由陈珏教授领衔翻译的《青少年自尊手册：帮助建立自信并实现目标的46个活动》，为青少年及其家长，以及关注心理卫生健康的人员和社会热心人士，提供了专业

的知识和技能。

自尊是青少年心理成长的助动剂，是青少年心理健康的保障。您可以从本书学到赞美优势、果断沟通、克服劣势、提升基本社交技能、保持健康思维习惯和解决现实问题等方面的技能，它们都是青少年提高和维持健康自尊的具体方法。本书文笔流畅，可读性强，值得推荐。

杜亚松

上海交通大学医学院附属精神卫生中心主任医师，教授，博士生导师

中国心理卫生协会儿童心理卫生专业委员会副主任委员

每个人都是一座自己的生命之山，自尊就是山的生态。无论是独处，还是群居，它是独特，是界限，是能效，是美感。看见它不难，养护它不易；破坏它容易，重建它很难。青少年尤其如此。

青少年时期是自尊生长发育的繁茂期，它是什么样的，又是怎样形成的？本书及时安抚了我们的焦虑，它仔细而耐心地铺陈如何去做的路径，成全青少年作为自尊养成与养护的主体，成全我们作为青少年自尊养成与养护的重要他人。

张　翔

苏州市中小学心理危机预防与干预小组组长，

40 年中小学心理健康工作经验者

自尊来自人际关系中的相互给予，以及实现自我理想之路上的每一点进步。

人的一生中，如果有什么东西是值得终身积累的，那一定是自尊。在帮助青少年提高自尊方面，本书完全符合高标准的"三有"要求：有理论、有办法、有效果。

曾奇峰

德中心理治疗研究院副主席，武汉个人执业心理治疗师

内容提要

当代青少年面临激烈的社会竞争与生活压力，尤其关注外貌和学业成绩，其健康成长受到了巨大的挑战。

本书是帮助青少年接纳真实自我的强大工具，由撰写过 18 本自助图书的心理治疗师丽莎·M. 沙布所著，以青少年自尊为主题，通过 46 个活动，帮助青少年建立健康、现实的自我观，发现自身力量并实现目标。

本书适合处于发展阶段的青少年阅读，通过教授技能，帮助读者有效处理身材焦虑问题、改善社交技能、设立健康边界，从而使其更自信地应对同辈压力、欺凌或过度使用社交媒体等困难社交情景。此外，书中促进健康思维习惯和问题解决的活动，可以帮助青少年掌握应对批评、挫折和自我怀疑的技巧，学会自我接纳，收获内心的平和。

本书已被翻译成 8 种语言，全球畅销 160 多万册，受到世界各国专业人士的认可，且经证实有效，不仅非常适合青少年阅读，也能为家长、教师、治疗师及相关专家或助人者提供参考。

译者

陈 珏　王佳妮　盖英男

翻译团队

上海市精神卫生中心（SMHC）进食障碍诊治中心

　　SMHC 进食障碍诊治中心（以下简称"中心"）成立于 2017 年 9 月 1 日，是国内首个进食障碍诊治中心，是上海市精神卫生中心的特色亚专科，陈珏博士担任中心的负责人。中心已与美国斯坦福大学医学院精神病学与行为科学系进食障碍项目组、美国加州大学圣迭戈分校（UCSD）进食障碍治疗与研究项目组、美国麻省总医院精神科进食障碍临床与研究项目组，以及英国、德国、澳大利亚等国的世界著名学术机构开展了教学培训、临床与研究合作，使得中心对进食障碍的诊治与研究水平和国际接轨。

作者

丽莎·M. 沙布（Lisa M. Schab），执照社会工作者，伊利诺伊州大芝加哥地区的执业心理治疗师。她是18本自助图书的作者，包括《青少年焦虑手册》和青少年指导性读物《把你的担忧放在这里》《把你的感觉放在这里》。她曾以专家的身份接受密尔沃基电视台WTMJ-TV和WISN-TV的采访，并为《纽约时报》及《选择》（学乐出版社）《青少年时尚》《心理中心》和《你的青少年杂志》等期刊撰写文章。沙布还定期为《芝加哥家长报》撰写青少年专栏，为《太阳报》撰写健康家庭专栏。她也是美国社会工作者协会（NASW）的成员。

中文版序

自尊（self-esteem），又称自尊心、自尊感，是个体基于自我评价而产生的一种自爱和对自我的尊重，并期望受到他人、集体和社会尊重的情感体验。自尊是个体自我意识和人格自我调节的组成部分。

自尊的发生、发展有其特定的规律。一般而言，自尊萌芽于3岁左右。学龄前期和小学阶段的儿童，其自尊随年龄的增长而逐渐成熟，呈现上升趋势。自尊开始于学龄初期，发展于青春期。在不同年龄阶段，自尊表现出不同的发展特点：在儿童阶段自尊稳定性较低，发展不稳定；在青少年和成人期呈不断增长趋势，发展较稳定；到中年和老年阶段，自尊呈下降态势。

既往研究显示，在我国青少年中，七年级学生的自尊感显著高于八、九年级学生，并且从八年级（约14岁）开始，青少年的自尊呈明显下降趋势。而这与该年龄段青少年的学习压力更大、父母和教师对其要求更高、同辈竞争更激烈，以及自我意识更强等因素有关。青少年通常处于矛盾、挫折和困惑的状态，既要顺应自我成长的需要，又要克服外界带来的各种困难；不能对自己的外表、能力、性格、成就等做出准确而恰当的评价，导致其自尊感过低，甚至感到自卑；个体生活发生重要改变时，也会影响其自尊的发展。

青少年低自尊的特点之一是存在强烈的消极自我观念，同时会展现出自相矛盾的状态，即积极和消极的自我评价共存。这种自我评价的内部冲突在其心理中形成了独特而极具挑战性的情境。青少年的低自尊受到各种因素的影响。例如，学习成绩不理想、人际关系紧张、家庭氛围不和睦、外表不出众、情绪低落或抑郁、社交技能不足、心理状态不健康，甚至存在精神健康问题。

陈珏教授是我院临床心理科主任，博士研究生导师，是一位睿智的学者，致力于青少年心理健康的保护和卫生促进工作。她也是心理咨询和心理治疗领域的资深专家，在青少年进食障碍和其他各种心理障碍的研究方面也颇有建树。

由陈珏教授团队翻译的《青少年自尊手册：帮助建立自信并实现目标的46个活动》，为青少年及其家长提供了专业的理论知识和技能方法，并在促进青少年心理健康和自尊提升方面给予了具体、可操作性和简单易懂的工具。

从本书中，读者可以学习到赞美优势、果断沟通、克服劣势、提升基本社交技能、保持健康思维习惯及解决现实问题等技能，它们都是青少年提高并维持健康自尊的具体方法。

本书的撰写别具一格，富有新意，既使用惯常的文字描述，又增添了问答、表格、故事、对话、自我评估、项目选择等。通篇体现出译者的专业素养和文学修养，文笔流畅，表达严肃而不失活泼，知识性强，可读性更强。

我真诚地向青少年及其家长、教育工作者、心理治疗师、社会工作者、心理康复师，以及所有关心青少年心理健康的人士推荐本书。

杜亚松
教授，博士生导师
上海交通大学医学院附属精神卫生中心

2023年7月8日于上海

译者前言

当今世界，科技飞速发展，竞争日益激烈，全球青少年正面临前所未有的挑战。当来自学校、家庭、社会及自我发展的挑战叠加在一起所造成的心理压力超过青少年自身的解决能力，或者得不到及时解决时，青少年便容易出现心理健康问题。2019年11月，联合国儿童基金会（UNICEF）和世界卫生组织（WHO）联合发布的数据显示，在全球12亿的10～19岁青少年群体中，约有20%存在心理健康问题。同样，我国青少年在学习、生活、人际交往、升学、就业、自我意识等方面所面临的挑战和压力，也使得其心理健康问题日益凸显。教育部等17个部门联合印发了《全面加强和改进新时代学生心理健康工作专项行动计划（2023—2025年）》，这是我国迄今为止力度最大的有关学生心理健康促进的文件，可见当前提升青少年心理健康的重要性和紧迫性。

在提升青少年心理健康素养、帮助其健康成长方面，我认为最重要的是要提升他们的自尊（self-esteem）。自尊是个人对自我价值和自我能力的情感体验，是青少年最重要的心理素质之一。它是一种自爱和对自我的尊重，并期望受到他人、集体和社会的尊重与爱护的心理。健康的自尊是既不向别人卑躬屈膝，也不允许他人歧视侮辱，是一种良好的心理状态，对青少年的成长至关重要。然而，有相当一部分的青少年在面对压力和挑战时，会对自己的能力和选择产生怀疑或自卑的心理。久而久之，这些负面的自我认知会影响学业成绩、人际关系、精神健康甚至是未来的职业发展。

要提高青少年的自尊水平，首先需要帮助他们探索自我、了解自我，运用基于科学理论且通俗易懂、操作性强的方法来帮助他们应对各种挑战。本书正是符合上述要求的难得的好书，既可以帮助青少年建立积极的心态和健康的行为习惯，从而获得正确的自我认识，又能增强其应对挑战的能力。原书第1版出版于2013年，得到了世界各国读者的广泛认可,目前已被翻译为8种语言;第2版出版于2022年,在第1版的基础上又新增了15项主题和16个相应的活动,以帮助青少年建立自信和实现目标。

本书的内容涵盖自我认知、身体意象、社交媒体、同辈压力、情绪管理及思维习惯等青少年成长的多个方面,这些都是青少年在日常生活中普遍感到困惑甚至难以应对的议题或问题。同时,本书还格外注重读者的体验感和参与度,充满互动性的练习可以让他们更好地进行自我观察和分析。书中的46个活动将带领读者探索自我,了解他们对自己所抱有的积极或消极的看法,引导其发现这些看法是如何受内外因素影响的。另外,与现实贴合、符合青少年发展的练习也可以让他们更轻松地将所学、所感运用到日常生活的情景中去。通过阅读与练习,读者不仅会发现自己无效的行为和思考模式,还有机会意识到自身的优势和积极品质。通过提供这个安全舒适的空间,本书还可以帮助读者学会利用自身的长处来应对和改变那些使其受挫的事情。在此过程中,读者会对自己和周围的环境有更加清晰的认识,逐渐学会接纳"不完美的自己",更好地与身边的人相处,从容应对挑战。

本书的结构设计富有逻辑性。每一活动的开头都包含"你知道吗"的部分,它源于作者作为一位专业人士所具有的先进理论知识和丰富实践经验。作者将学术理论以简单易懂的方式进行讲解,知识范围覆盖青少年及其家人所关心的众多领域,包括情绪、想法、行为等。专业知识的铺垫可以帮助读者更好地理解之后要进行的活动,从而提升练习效果。而在每项活动的结尾处,作者又巧妙地增加"今日收获"的环节,将活动内容用一句简单好记的话语进行总结。对练习的回顾总结不仅有利于青少年记住自己所学的内容,也彰显了作者在教育方面的智慧和丰富的经验。

综合考虑本书的专业性和可操作性,我们决定翻译这本在国际上广受好评的实用图书。本书涉及的所有主题同样也是我国青少年需要面对的问题,书中简单易行的活动也一样可以帮到正在面对挑战的中国青少年群体。

本书适合的读者群体广泛。首先,中小学、大学的学校咨询师、辅导员和老师等教育工作者可以将书中的活动运用到学校的心理健康课程中。其次,心理咨询师、心理治疗师、社会工作者、精神科医生、护士及心理康复师等心理工作者可以在个体、家庭和团体治疗中使用本书。再次,本书还有助于家长理解青少年的需求,学习如何为孩子提供所需的支持、鼓励和帮助。最后，也是最重要的，广大青少年或曾经是青少年的成年人，运用此书可以更好地探索自我、发现自身力量、增强自信并实现目标。

本书的译者均来自上海交通大学医学院附属精神卫生中心（以下简称"中心"）临床心理科，另外两位译者都是中心的心理治疗师。王佳妮是美国宾夕法尼亚大学心理咨询与精神卫生硕士，盖英男是美国罗切斯特大学心理咨询与精神健康硕士。她们不仅有良好的英语功底，而且对青少年心理工作有着饱满的热情和一定的治疗经验，感谢她们在临床工作之余一起参与本书的翻译。

最后，感谢上海科学技术出版社的大力支持，促成了本书的引进、翻译和出版，他们和我们一样，都关爱着青少年的健康成长。

希望我们共同关爱青少年的这些实际行动，能让读者开启自尊探索之旅，在旅途中逐渐建立自信并实现目标，成为更好的自己，拥有更美好的人生！

陈珏
医学博士，主任医师，博士生导师
上海交通大学医学院附属精神卫生中心临床心理科主任
中国社会心理学会婚姻与家庭心理学专业委员会副主任委员

2023 年 7 月 2 日于上海

致读者

亲爱的读者：

欢迎来到自我之旅这个重要旅程！本书将会用活动来帮助你了解自己，知晓你是如何成为现在的自己，并探索你想成为什么样的人。本书还会向你呈现自我价值的概念，并让你相信自己与这个星球上的任何其他人一样有价值。

书中的一些活动将帮助你了解哪些外部因素会影响思想、感受和行为。在你受到任何人或其他事物的影响之前，另一些活动会帮助探索你的核心，即真实的自我。

你将学会即使在面对外界压力的情况下，也能忠于真实的自我。你将获得大量的工具来帮助自己成功地度过人生，通过产生的想法和做出的选择来收获积极的成果。其中，有的工具可以在以下网站下载：http://www.newharbinger.com/50003。

本书的一个基本前提是：**你现在的样子就很好！** 这是健康自尊的基本原则：我们无条件地接受自己的一切，不管是缺点，还是优点。书中的一些活动将帮助你理解这个概念，其他活动则将教授你识别并专注于自身优势；由此，当你觉得状态不好的时候，你依然可以去赞美自己的那些品质。

接受自己的每一个部分并不意味着我们停止进步或成长。你还会发现，一些活动可以教你如何获得内在力量，更好地应对挑战和人际关系，实现目标。在每项活动结束时，阅读并重复"今日收获"将会有助于将观念变为现实。

我希望你能学会理解、接受和拥抱自己作为人类真正的内在价值。因为当真正理解自己与其他所有人的平等价值时，你就可以对爱和接纳敞开心扉。而这正是健康自尊的基础。

无论你现在的感受是什么，请记住，你拥有开始这一段奇妙旅程的勇气。去面对这场冒险吧，祝你一切顺利！

——丽莎·M.沙布

执照社会工作者

致家长、专家及所有助人者

2013年出版的本书第1版已被翻译成8种语言，是受到世界各国读者认可的帮助青少年建立健康自尊的一流资源。2018年，它被英国在线辅导平台Tutorful评为最好的青少年自尊读物之一，并持续在心理健康网站上被推荐给专业人士、父母和青少年。

本书的目的是帮助青少年——无论是那些处于危险中的，还是那些只是经历普通青春期的——培养或提升一种健康的自尊状态。这种健康的自尊状态被我们理解为对自己的积极关注，包括理解和接受自己的短处、赞美自己的长处，以及抱有自己与他人平等的现实信念。

拥有健康自尊的青少年能够了解和接受自己，对自己和他人抱有慈悲心，以正直和自律行事，并在认知和行为方面使用健康的应对方法来迎接生活的挑战。尽管外部环境在变化，他们仍然相信自己有着无条件的价值，也相信并尊重他人的价值。

本书中的活动旨在帮助青少年探索、理解和重视真实且独特的自我，同时教授他们技能，使其能够在人生道路上成熟并自信、正直且平和地迈进。

第2版在第1版的坚实基础上新增了16项活动，解决了青少年建立健康关系、获得成功、实现成就及塑造积极自我形象方面的问题，并教授了相关技能。新增的主题包括：

- 摒弃贬低性信息；
- 掌握社交媒体；
- 身体意象问题（2项活动）；
- 赞美优势并克服劣势；
- 自信地沟通；

- 基本社交技能；
- 设定健康的边界；
- 不轻易认为事情是针对自己的；
- 容忍别人不喜欢自己；
- 健康的思维习惯；
- 解决问题的能力；
- 扭转负面的生活选择；
- 培养内心的平和；
- 拥有健康自尊的外表；
- 寻求帮助。

本书满足了心理咨询、社会情感学习（social-emotional learning，SEL）和创伤知情的学习需求。不仅青少年可以使用本书进行自助学习，治疗师、社会工作者和辅导员也会发现它是一种宝贵的资源，可供个体来访者和团体使用。教育工作者和学校工作人员将找到实用、易于理解和实施的练习页，这些练习都与核心社会情感学习和创伤主题相关。

非常感谢你们对身边青少年的奉献。愿你们从本书中受益！

——丽莎·M. 沙布
执照社会工作者

目录

活动 1	什么是健康的自尊	1
活动 2	认识你的力量：自尊在自己手中	6
活动 3	认清你的内在价值和意义	10
活动 4	摒弃贬低性信息	14
活动 5	选择积极的自我信息	20
活动 6	自我慈悲的力量	25
活动 7	多样性的完美	30
活动 8	真实的自我就是最好的自己	35
活动 9	对家人而言，你是谁	40
活动 10	对朋友而言，你是谁	45
活动 11	对社会而言，你是谁	48
活动 12	不知道答案是很正常的	53
活动 13	发现你的喜恶	57
活动 14	发现你的梦想	61
活动 15	发现你的信念	65
活动 16	发现你的激情	70
活动 17	宇宙中的你	74
活动 18	你为什么存在	79

活动 19	赞美你的优势，改善你的弱点	84
活动 20	直觉的力量	89
活动 21	你的身体意象：如何对抗虚假的事实	95
活动 22	你的身体意象：如何去爱自己的身体	99
活动 23	关于评判	105
活动 24	掌控社交媒体	110
活动 25	如何与人交谈：基本的社交技能	116
活动 26	自信地沟通	122
活动 27	不要把所有的事情都当作是针对自己的	127
活动 28	没有人能被所有人喜欢	131
活动 29	同辈压力	135
活动 30	设立健康的边界	139
活动 31	拥有健康自尊的外表	144
活动 32	管理感受的力量	148
活动 33	容忍不适	153
活动 34	内心平和的力量	159
活动 35	有益或阻碍健康自尊的思维习惯	164
活动 36	接纳犯错	171
活动 37	感恩的力量	174
活动 38	可能性的力量	180
活动 39	信念的力量	186
活动 40	责任的力量	191

活动 41	积极决策的力量	**197**
活动 42	直面挑战的力量	**203**
活动 43	设定切实的目标	**207**
活动 44	解决问题的能力	**212**
活动 45	转变永远不嫌晚	**218**
活动 46	聪明的人会寻求帮助	**223**

总结   **227**

活动 1　什么是健康的自尊

你知道吗

有健康的自尊意味着你有很强的自我价值感。你了解并接纳自己的缺点，欣赏并赞美自己的优点。当拥有健康的自尊，你能识别包括自己在内的所有人的内在价值。

基本上，自尊是你对自己的感觉。如果你想在最深的层面上对自己有良好的感觉，那么你需要拥有健康的自尊。

拥有健康自尊的人很确定所有人都有自己的价值，他们可以承认自己的错误而不感到羞耻，也可以在赞美自己长处的同时不贬低他人。没有健康自尊的人通常对自己有消极的想法和感受，他们没有信心去相信自己与他人是平等的。因此，当犯错时，他们会感到羞耻，并可能会贬低他人，以掩盖自己的不安全感。

健康的自尊是发自内心地知道你是一个有价值的人（其他人也是如此）。当明白这一点时，你不需要通过让别人肯定你或实现某个目标来让自己感觉良好。你不必通过比别人感觉更好来知道自己是不错的。你知道自我价值并不取决于输赢。

像这样的想法来自健康的自尊：

我会继续努力，直到我做到。
我可以看出她不喜欢我，但这也没关系。
我喜欢穿这件衬衫，即使它不是我的风格。
如果我们意见不统一，这也没关系。

我没有赢,但有个名次也很棒。

像这样的想法来自不健康的自尊:

我必须组建团队,这样才能证明我和他们一样出色。
当犯错时,我觉得自己很愚蠢。
他们可能在撒谎,我很难相信任何人。
我总是第二好。
我讨厌这所学校,每个人都很自大。

你对自己的感受是你如何体验生活的方方面面的最重要因素之一,包括在上课、聚会、约会、工作面试及家庭进餐时。当拥有健康的自尊时,你所做的每件事都会有更大的机会获得成功和幸福。

试一试

阅读以下对话,并勾选你认为展示了最健康自尊的回复:

"恭喜你赢得自由泳接力!"
☐ "谢谢,赢了比赛感觉不错。你赢得了跳水比赛,这太棒了!"
☐ "我不知道为什么我赢了。我的表现并不好。"
☐ "是啊,我把其他游泳者衬托得像旱鸭子一样!"

"我听说本杰明和你分手了。你感觉怎么样?"
☐ "再好不过了。反正我是打算甩了他的。他在拖我的后腿。"
☐ "我就知道会这样。一旦别人了解我,就没人会一直跟我在一起。"

- ☐ "我难过了一阵子，但现在好多了。"

"对不起，我想你坐错了位子。你能核对一下你的票吗？"
- ☐ "哦，对不起！我总是把事情搞砸！"
- ☐ "抱歉，不过是我先到的。你怎么不找个空位？"
- ☐ "你是对的，我向你道歉。我应该坐在后面那排。"

"嘿，那是我的毛衣。你没问能不能借给你！"
- ☐ "对不起，当时你不在家，不过我应该先问你的。"
- ☐ "别发牢骚了。反正我穿起来更好看。"
- ☐ "我不知道当时自己在想什么。我穿这件毛衣都不好看。我会给你一件我的毛衣作为补偿。"

再试一试

有着健康自尊的青少年一般会（请在下述你已经做得很好的品质旁边加注"☆"）：

_____ 认识并接受自己。

_____ 对自己和他人慈悲。

_____ 以正直和自律行事。

_____ 在思想和行动方面运用健康的应对技巧来迎接生活的挑战。

_____ 尽管情况发生了变化，但仍无条件地坚信自己的价值。

_____ 选择并坚持自己的想法、感受和行为，而不屈服于他人的压力。

_____ 始终相信并尊重他人的价值。

请在下面的横线上重写你仍然需要改善的品质：

_____

_____

_____

_____

_____

_____

说一说，建立健康的自尊，在以下方面能如何帮助到你：

朋友 _____

_____

家人 _____

_____

学校 _____

_____

约会 _____

_____

工作 _____

_____

在完成本书的过程中，请描述一两个你想要实现的具体的有关自尊的目标：

_____

_____

_____

今日收获

我承认并肯定我与他人是平等的，以及他们也同样和我是平等的。

活动 2　认识你的力量：自尊在自己手中

你知道吗

当我们相信其他人或外部环境控制了自尊心时，就会使自己成为受害者，依赖外部事物来让自己感觉良好。实际上，无论别人怎么想，或者我们身上发生了什么事，只有我们能决定如何看待自己。当拥抱这种力量时，我们可以随时建立健康的自尊。

乔娜被诊断出患有注意力缺陷/多动障碍，也就是"多动症"。这意味着她大脑的工作方式使她更难专注于某些事情。乔娜的表弟梅森说："这好奇怪，我都不认识得这种病的人。你在学校里会过得很艰难，而且在任何事情上都会很困难！"乔娜听到梅森的话之后可能会想："他说得对，我很奇怪。当别人发现的时候，我可能会失去朋友。我也可能通不过考试，而这会令我很尴尬。我还怎么面对其他人？"或者，乔娜也可能会想："梅森对多动症了解不多，这是一种很常见的疾病；一开始我需要一些帮助，但很多人都需要帮助，这种病并不会让我变成一个奇怪的人。"梅森无法为乔娜选择她的想法，只有乔娜可以决定她对自己的看法。

艾娃责怪父亲造成了自己的低自尊。在她小的时候，父亲就离开了，再也没有回来。她一直在想，这是因为父亲不喜欢她，还是因为她不够好。当这样想的时候，她会觉得自己很糟糕。有一天，艾娃意识到，如果她一直把自尊建立在这个虚构的故事之上，自尊水平就永远不会改变。艾娃可能永远不知道父亲对她的感觉是什么，但她不必在余生中都对自己感到沮丧。她决定放下这种消极的想法，拿回自己的权力，并牢记自尊是在自己手中的，而不是在父亲手中。

试一试

下面的选项中，请圈出你认为会妨碍拥有健康自尊的选项。如果你有其他的选项，请写在下面的横线上。

家长	离婚	身体残疾
朋友	虐待	家族史
老师	学习障碍	_____
亲戚	经济状况	_____
陌生人	情绪障碍	_____

以上这些选项里，你认为哪个选项对自尊的伤害最严重？

_____

_____

想象一下，拿回自己的权利并且把自尊掌握在自己手中，这会是种什么感受？

_____

_____

如果这样做的话，最难的部分是什么？

_____

_____

如果这样做的话,最好的部分是什么?

_____

_____

再试一试

如果乔娜要把自尊从梅森那里拿回来,她会有什么想法?请你写在下面的横线上。

_____

_____

_____

如果艾娃要把自尊从父亲那里拿回来,她会有什么想法?请你写在下面的横线上。

_____

_____

_____

如果你从责怪外界因素转变为掌控自己的自尊,你会有什么想法?请你写在下面的横线上。

_____

_____

_____

活动2　认识你的力量：自尊在自己手中　　9

请在下面描出手的形状。描形状的过程意味着你会如何将自尊掌握在自己手中。这可能很难，但本书将帮助你获得力量、技能和思维习惯，使你能够做到这一点。

今日收获

我不是受害者。我的自尊掌握在自己手中。

活动 3　认清你的内在价值和意义

你知道吗

每个人都带着价值和意义来到这个世界上，包括你在内。这一点没有例外。

每个来到这个星球的人都是生命的火花，具有相同的内在价值和意义。每个婴儿都一样重要，每一个都有价值，每一个都是奇迹。你就是奇迹之一。不管你出生在哪里，出生的情况是怎样的，或者又是被谁带到这个世界上，你都是有价值的。就像其他人一样，你仍然拥有那些价值。不管你说了什么、做了什么，或者又被告诉了什么，你都是带着价值而来，余生都会拥有这种价值。没有什么可以改变这一点。

伴随着成长，你可能已经收到一些信息，这些信息导致你不相信上面的话。也许你的头发是直的，而有人说卷发"更好"；也许你喜欢写诗，而有人说写诗"太傻"；也许你犯了一个错误，而有人说你"很坏"；也许照顾者忽视了你，而你因此认为自己不值得被关注。

重要的是，要记住，没有什么可以改变你的内在价值。你可能会犯错、被抛弃、陷入麻烦或被批评，但这些并不会改变你与生俱来的价值和意义。把这个真理牢记于心是健康自尊的基础。

试一试

想想你见过的任何一个新生儿，如果没见过，那就想象一个新生儿的样子。

想象一下,那个刚来到世界的小孩,进行着第一次呼吸,完全处于无助的状态,只能依赖照顾者。想想他诞生的奇迹,想想他的纯真。请你勾选出医疗人员可能会跟这个婴儿的父母说的话。

- ☐ "这孩子不如其他孩子。"
- ☐ "这孩子看起来没有价值。"
- ☐ "你创造了一个没有价值的人。"
- ☐ "这个婴儿绝对没有潜力。"
- ☐ "这孩子是个错误。"
- ☐ "你的孩子似乎没有价值。"

如果医生说了上述的任何一句话,想想都是很荒谬的。这确实很荒谬,用同样的话来形容你自己也是很荒谬的。你曾经就是那个新生的婴儿,你的价值并没有随着时间的推移而消失。

请在下面的相框中,绘制或粘贴一张自己作为新生儿时的照片,并在下面的横线写上你的全名。

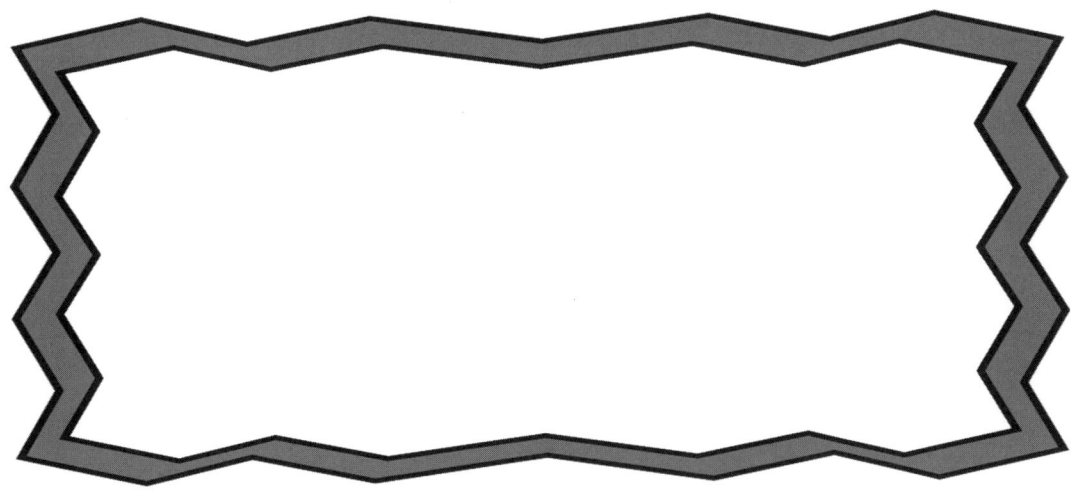

请你抄写这句话："尽管人的成就、失败或外部环境在不断变化，无条件的、内在的人类价值始终存在。"

_____
_____
_____
_____

再试一试

请列出你认为自己没有价值或有缺陷的情景。

_____
_____
_____

请写下你在这些时候对自己说的话。

_____
_____
_____

请提供任何可以证实你实际上没有价值的事实性、可验证的信息。例如,它是印在出生证明上的信息,并且你有一份证明副本。

_____

_____

_____

说一说,你为什么逐渐开始相信自己没有价值或有缺陷,请写在下面的横线上。

_____

_____

_____

请用你自己的话,写下关于自己不再相信那个谎言的承诺。

_____

_____

_____

_____

今日收获

像所有其他来到这个世界上的人一样,我有相同的、与生俱来的价值和意义。

活动4 摒弃贬低性信息

你知道吗

当我们年轻的时候，会收到很多影响我们对自己感觉的信息。这些信息可能来自家庭成员、其他人，或者所处的社会及文化。当觉察到这些信息及其影响时，我们可以选择摒弃那些贬低我们并对自尊产生负面影响的信息。

迪翁的妈妈患有抑郁症且酗酒，但她从未得到所需的帮助。她的抗压能力很低，经常把自己的问题归咎于迪翁，说她生活得如此艰难都是他的错。这些并不是真的，但她的健康程度不足以让她看到麻烦的真正根源。迪翁从小就在想："是我让妈妈生病了，是我让人们有了不好的感受，我还不够好。"一位高中辅导员最后向迪翁解释说，妈妈的痛苦早在他出生之前就已经存在。那些痛苦不是他造成的，相信那些贬低性的信息正在伤害他的自尊心。

洛根从小就跟家人一起看体育比赛。有时，他和父亲去参加体育赛事或在著名运动员开的餐馆吃饭。洛根间接了解到他的文化是重视运动员的，但他并没有运动能力，也没有兴趣进行团体或个人运动。他有一群关系很好的朋友，都喜欢计算机，并且在计算机科学方面表现出色。可是，洛根仍然坚持"擅长运动才是好的"这一社会观念，并且总是觉得自己没有做"正确"的事情。相信这样的信息损害了他的自尊心。

莉莉的父亲总是想激励她。他自己没有得到过父母的鼓励，所以想在这方面为莉莉做得更好。每当莉莉完成某件事时，父亲都会夸奖她，并说："现在让我们看看你下次能不能做得更好！"莉莉的父亲为自己努力向女儿灌输动力和希望而感到自豪，但莉莉并没有从中听到鼓励和希望。莉莉从小就认为自己永远不够好，因为无论她取得多大的成就，父亲总是会想要更多。莉莉对父亲话语的理解与他的意图大相径庭。

海莉去了一所私立高中，那里大多数的学生都会计划考大学和研究生院。海莉取得了优异的成绩，但她知道自己并不想要高等学位。她很有创造力，想成为像祖母一样的纺织工，并且已经设计了自己的纺织花样，还在艺术展上赢得了比赛。但海莉的老师总是鼓励她去研究其他领域，这间接传递给海莉的信息是不想上大学的自己是有问题的。

试一试

下面的信息里，哪些是家庭成员曾经向你表达过的（无论直接还是间接地），请在下面划线。

哇，你真的很擅长这个。
你还不够努力。
你出生的时候，我非常开心。
你永远都做不到。
你为什么不能更像你的兄弟/姐妹一点？
我太为你骄傲了。
你是个很棒的人。
你要把我逼疯了。
你打算什么时候长大？
你可以在任何你想要涉足的领域成功。

你是傻还是怎么的?
你能走自己的路,真是太好了。
你能有什么出息呢?
我对你非常有信心。
你就什么都做不好吗?
我就知道你能行。

有什么信息是上面没有,但是存在于你的脑海里并对自尊产生影响的,请你列出来。

_____
_____
_____
_____
_____
_____
_____
_____
_____

请在帮助你自我感觉良好的信息上加注"☆",在让你觉得有贬低性的信息旁边标注"△"。

在另一张纸上,重写那些贬低性的话语,然后将它们从脑海中释放,将那些话放进碎纸机或撕碎并扔掉。提醒自己,你可以选择告诉自己哪些信息。

再试一试

我们通过广播、电视、互联网、电影及杂志等媒体获得社会信息。我们还从父母、政客、教师、信仰领袖、作家、游说者、专家、商业发言人及名人等不同人士那里接收信息。

当人们公开与我们交谈时,如当环境保护署的代表在学校集会上宣传回收再利用的时候,我们会直接接收信息。我们还会通过诸如防止虐待儿童的宣传、营销某种最佳外貌的广告及推广某些宗教信仰的公告牌等渠道间接接收信息。

在接下来的一周,请记录你从上述任何来源或其他来源收到的社会信息。记录你是否赞同这个信息,然后写下这条信息是如何影响你的自尊的。如果它提高了你的自尊,就画一个向上的箭头"↑",如果它降低了你的自尊,就画一个向下的箭头"↓",如果它完全不影响你的自尊,就画一条直线"—"。

社 会 信 息	来 源	赞同或不赞同	对自尊的影响

续　表

社　会　信　息	来　源	赞同或不赞同	对自尊的影响

看看这个表格，请描述你观察到的规律。

_____

_____

_____

_____

请列出所有你想要摒弃的信息。

_____

_____

_____

_____

_____

请在一张单独的纸上重写这些想要摒弃的信息,然后放进碎纸机或撕碎并扔掉,同时说说摧毁这些贬低性信息所带来的感受。

今日收获

我可以摒弃任何不利于形成健康自尊的信息。

活动 5　选择积极的自我信息

你知道吗

你现在看待自己的方式有一部分取决于你给自己的信息。这些信息让你对自己产生积极或消极的感觉。当你识别、探索和评估这些信息的时候，可以决定哪些信息你想继续相信，而哪些你又想摒弃。你可以学习一种新的自我对话的方式，帮助自己发展健康的自尊。

不管是否张嘴说话，你实际上整天都在"自言自语"。在你的脑海里有持续进行的对话，内心的声音在向你发送信息，影响你对自己的感觉。

"我不该这么说……那是一部很棒的电影……我真的很喜欢她……他太粗鲁了……我讨厌这门课……我不敢相信我又挂科了……这好难吃。"这些信息不停地出现。我们告诉自己的信息会影响自尊的建立。

当卡米拉在乐队音乐会上出错时，她对自己说："虽然我也希望自己没出错，不过我整体上进步了，这就很好了！"当没有找到舞伴的时候，她告诉自己："我还可以跟好朋友一起度过这个夜晚。"她给自己的积极信息有助于建立健康的自尊。

当迦勒在乐队音乐会上犯错时，他对自己说："我永远做不好这个。"当没有舞伴的时候，他告诉自己："没有人会跟我约会。"他给自己的负面信息助长了不健康的自尊。

你从小就一直在向自己提供信息，尽管你不一定能觉察到。作为青少年，你现在有能力探索和关注这些自我信息。然后，你可以决定保留哪些，摒弃哪些。

试一试

想一想，你在整个生命过程中向自己传递过的信息。如果记不清了，就猜一下。当你做以下这些事情的时候，你跟自己说了什么？

第一次学习骑车，从自行车上摔下来的时候：

_____

在学校学习很吃力的时候：

_____

被朋友拒绝的时候：

_____

打篮球投不进篮筐的时候：

_____

被父母训斥的时候：

_____

犯错的时候：

_____

组队时没有被先选上的时候：

_____

在接下来的几天里，请倾听自我信息，注意你对一天中发生情况的反应，并在下表中记录你给自己的信息（或者在http://www.newharbinger.com/50003网站下载表格）。同时，请记录使用次数，并圈出它们是使自尊心上升、下降，还是保持不变。

自我信息	使用次数	自　尊
		上升　下降　不变
		上升　下降　不变
		上升　下降　不变
		上升　下降　不变
		上升　下降　不变
		上升　下降　不变
		上升　下降　不变
		上升　下降　不变
		上升　下降　不变

请圈出任何能描述你的自我信息的词语，也可以使用空白行添加自己的词语。

积极	慈悲	非理性	不公
残酷	关怀	善解人意	_____
友善	消极	温柔	_____
理智	公平	冒犯	_____
贬低	粗鲁	充满爱	_____

你的自我信息与传递给朋友的信息相比，如何？
更好　　　　　相同　　　　　更差

再试一试

想象一下,你是世界上最好的父母,正在照顾小时候的自己。在下面的几行中,请列出你在成长过程中想要告诉自己的积极、充满爱意的信息。想想你小时候需要和想听到什么,可能是"你是一个了不起的孩子""我非常爱你""你很有才华和天赋""我无条件地爱并接纳你"或"我很高兴你是我的孩子"。

_____

_____

_____

_____

接下来,请列出你现在作为青少年需要并希望听到的积极、充满爱意的信息。也许,这些听起来像"我为你感到骄傲""即便你的成绩不完美也没关系""我爱你并接受你本来的样子"等。

_____

_____

_____

_____

请记住，你能建立自己的自尊，因此当向自己发送这些积极信息时，你将从中获益。向自己承诺每天尽可能多地阅读积极的自我信息，直到你记住它们。你也可以试试：

在镜子前大声对自己说；

以短信的方式向自己发送信息；

以电子邮件的方式向自己发送信息；

写在便签上，贴在你会经常看到的地方；

写在作业簿里；

或者……（加上你自己的创意）。

_____

_____

_____

_____

_____

当向脑海中灌输这些积极的自我信息时，它们最终会在你感到失落、气馁或对自己失望时自动出现。并且，一遍又一遍地使用它们将帮助你建立健康的自尊。

今日收获

我选择那些能帮我建立健康自尊的自我信息。

活动 6　自我慈悲的力量

你知道吗

慈悲意味着深层的同情和关怀。能够对每个人类（包括你自己）感到慈悲是健康自尊的基石。

我们都经历过出生，也都会死去；我们都想成功，也都想感到快乐；我们都想对自己感觉良好，也都想感受到被爱。我们都在努力以一种能给我们带来最多平和与最少痛苦的方式生存。我们都在自己拥有的事物上竭尽所能。

在最基本的层面上，每个人都是由相同的基本要素构成的——身体上、情感上和精神上。我们都处于这种生命体验中，在一个公平的竞争环境里，没有人比别人更伟大或更渺小。意识到相似之处及共有的基本驱动力和本能，给我们带来了慈悲的天赋。

当我们不再对自己感到不安时，慈悲心就会出现；当我们不再感觉受到他人的威胁时，就会对他人产生慈悲；当我们接受自己生而为人并瑕瑜互见，且无论如何都爱和接纳自己时，就会对自己产生慈悲。对每一个生命的慈悲有助于我们获得健康的自尊。

试一试

以 1（低）到 10（高）的等级，记录你对以下每个人或动物的关心或同情程度，然后记录你的感受（可以是一个或多个）。可以从下面的列表中选择，也可以写下你自己的感受。

  痛苦   悲伤   无助   愤怒

1. 父母去世的朋友

    关心／同情：_____ 感受：_____

2. 一只在雨中一瘸一拐地走在街上的小狗

    关心／同情：_____ 感受：_____

3. 新闻中，在飓风里失去一切的人

    关心／同情：_____ 感受：_____

4. 患绝症的孩子

    关心／同情：_____ 感受：_____

5. 正在衰老的祖父母

    关心／同情：_____ 感受：_____

6. 被父母严惩的弟弟妹妹

    关心／同情：_____ 感受：_____

7. 一只失明的小猫

    关心／同情：_____ 感受：_____

8. 在街上看到的无家可归者

    关心／同情：_____ 感受：_____

9. 车坏了，站在高速公路边的人

    关心／同情：_____ 感受：_____

10. 农场里遭受身体虐待的动物

    关心／同情：_____ 感受：_____

当你怀有慈悲心说话时，请从下面勾选可能的陈述。

☐ 很抱歉这件事发生在你身上。
☐ 我能提供什么帮助？
☐ 你还好吗？
☐ 告诉我，我能做什么。
☐ 我想帮忙。
☐ 会没事的。
☐ 我会帮助你渡过这个难关。
☐ 我关心你。
☐ 会变好的。
☐ 其他：_____

请圈出所有你愿意做的富有慈悲心的行为：

聆听	给予时间
拥抱	给予情感支持
给予精力	给予经济支持
给予关注	其他：_____

从上述场景中选择两个，说一说你会如何用慈悲心对待那个人或动物。

场景编号：_____

我会说什么：_____

我会做什么：_____

场景编号：_____

我会说什么：_____

我会做什么：_____

再试一试

你可能还不习惯将慈悲心指向自己，但如果你知道如何用慈悲心对待他人，你也会知道如何对待自己。想一想上面列出的慈悲的话语和行动，说一说在以下场景中，你会如何向自己展现慈悲心。

你想约会的人告诉你他不感兴趣。

你忘记了合唱中独唱部分的歌词。

你没能组建成团队。

你感到孤独。

当老师叫你回答问题时,你给出了错误的答案。

你度过了艰难的一天。

想想你最近经历的难过的事情。在另一张纸上,就此给自己写一封富有慈悲心的信,以你对最好的朋友表示慈悲时可能用到的语言和感受。

今日收获

慈悲地对待自己是一种基于健康自尊的行为。

活动 7　多样性的完美

你知道吗

你的基因决定了你是你，也只能是你。这意味着你只有通过走自己的道路、成为最好的自己，才能成功。

当我们对自己不满意时，可能会希望自己能像别人一样，甚至可能会努力变得更像他们。当我们这样做时，就会让自己迈向失败。一个人不能变成另一个人，就像鹰不能变成火烈鸟，或者高大的常青树不能变成橡树一样。

宇宙的自然状态就是多元化和多样性。种类繁多的树木、昆虫、鸟类、花卉及动物都证实了这个真理。同样，人类也有不同的身材、体态和肤色。多样性的存在是有目的的，我们之间应该存在差异，以便完成自然界中的每一项任务。世界上应该有不同的植物、动物，包括人类。

每个人都是细胞、基因、思想、感情、天赋及技能的独特组合。为了在生活中取得成功，我们必须认可、赞美并遵循自己独特的道路。即使我们把所有的精力都倾注在试图成为另一个也许我们认为比自己"更好"的人上面，我们也只会失败。只有当我们努力成为最好的自己时，才能找到健康的自尊。

试一试

请你描述一下，如果世界上只有一种植物的话，会发生什么？

_____

_____

请你描述一下，如果世界上只有一种动物的话，会发生什么？

_____

_____

想一想你有时希望自己成为的那个人。如果你每一天都倾尽所有精力去努力成为那个人，能成功吗？

_____

_____

如果每个人都拥有相同的天赋和技能，会发生什么？

_____

_____

如果每个人都从事相同的工作，会发生什么？

_____

_____

如果每个人都长得一样，会发生什么？

_____

_____

再试一试

请你画一个想象中的场景。这个场景里面所有的生命形态都是一样的，包括植物、动物、人类、昆虫或任何你喜欢的东西。请记住，你需要使每个类别中的所有生物形态看起来都一样。

活动 7　多样性的完美　33

看着前面的画，请你描述一下对这样一个世界的想法和感受。

_____

_____

_____

现在画一个你在现实生活中的场景，但不要画出其中的多样性。例如，也许在现实生活中，你养了一只温顺的黑色拉布拉多和一只精力充沛的小猎犬作为宠物，但在你的画中，两只宠物必须都一样；在现实生活中，你可能有一位喜欢运动的运动员朋友和另一位你喜欢与他一起看电影的幽默的朋友，但在你的画中，两个朋友必须都一样。

看着前面的画,请你描述一下对这样一个世界的想法和感受。

_____

_____

_____

今日收获

"做自己"赞美了这个世界多样性的自然状态,并建立起成功且健康的自尊。

活动 8　真实的自我就是最好的自己

你知道吗

真实的自我就是在想法、感受、外表或行动上做出改变前的你，但实际上你会觉得自己不得不改变。真实的自我是被外界的期待或观念影响之前的自己。很多人会逐渐脱离真实的自己，因为我们如此努力地去成为其他人。然而，自尊越健康，我们才越能够了解、相信和表达真实的自我。

伊莎贝拉的女性朋友们非常喜欢马，她们每周都要上两次马术课，还在空闲时间到马厩做志愿者。伊莎贝拉实际上对马没有兴趣，却要假装喜欢它，因为朋友们都喜欢。她在生日时要了马靴作为礼物，在放学后上马术课，空闲时间也在马厩里度过。

有一天，伊莎贝拉在给一匹马梳毛时，马厩的主人薇薇说："你看起来思绪在千里之外！你在想什么呢？"

"跑步，"伊莎贝拉说，"今天是报名参加越野队的日子。我喜欢跑步，一直想加入越野队。"

"那你来这里到底是做什么的？"薇薇问。

"那个，我的朋友在这儿。我喜欢和她们在一起，而且喜欢马也是一件很酷的事情……"

"听起来你来这里是因为别人想要，而不是你想要，"薇薇说，"你没有听从真实自我的声音。你跑步的时候有什么感觉？你在这里的时候又有什么感觉?"

"跑步时,我感觉很棒,"伊莎贝拉说,"这听起来可能很滑稽,但我有一种回家的感觉,就像我是为跑步而生的一样。在这里时,我觉得……有点格格不入,就像我只是在参观一样。"

"那是因为你就是在参观,"薇薇说,"你正在参观朋友的生活。我建议你回到自己的生活并加入那个越野队,聆听真实自我的声音,开始奔跑吧!"

试一试

很小的孩子通常还与真实的自我保持联系。他们还没有受到其他人的观念的影响。请描述一下你能记得的事情,比如以前喜欢做什么、喜欢玩什么,或者小时候喜欢跟谁在一起。

_____
_____
_____
_____

请在下面的表格中列出你现在正做的选择性活动,并按照真实自我想做这些活动的程度,从1(低)到10(高)打分。同时,在打分的旁边,解释一下如果不是为真实的自我,你为什么要做这项活动。

活　动	真实自我打分	我为什么要做这个

续　表

活　动	真实自我打分	我为什么要做这个

下面各个选项中，如果是你遵从真实自我而做的，请圈"真实自我"；如果是由于其他因素而做的，请圈"其他因素"。在每个圈了"其他因素"的选项旁，写下这些因素是什么；例如，"父母让我这么做""我想合群""这是违反规定的""我们买不起真正想要的东西""这很酷"。

　　真实自我　其他因素　　我穿什么 _____

　　真实自我　其他因素　　我听什么音乐 _____

　　真实自我　其他因素　　我午饭吃什么 _____

　　真实自我　其他因素　　我周末做什么 _____

　　真实自我　其他因素　　我的朋友是谁 _____

　　真实自我　其他因素　　我暑假做些什么 _____

　　真实自我　其他因素　　我看什么书 _____

　　真实自我　其他因素　　我如何使用社交网络 _____

　　真实自我　其他因素　　我如何花钱 _____

如果你完全遵从真实的自我，请描述一下你会用什么不同的方式做这些事。

_____

_____

_____

_____

_____

再试一试

请浏览以下词语,在你认为能描述自己的词旁边打钩,然后圈出当你做真实的自我时那些能描述你的词(你可以同时勾选并圈出相同的词)。你也可以使用空白行添加其他的词。

☐ 坚定	☐ 焦虑	☐ 慈悲	☐ 能力不足
☐ 缺爱	☐ 笨拙	☐ 安静	☐ 不诚实
☐ 冷静	☐ 自负	☐ 残酷	☐ 负责
☐ 杂乱	☐ 粗鲁	☐ 行为端正	☐ 可靠
☐ 诚实	☐ 忙碌	☐ 懒惰	☐ 开心
☐ 体贴	☐ 充满爱	☐ 健谈	☐ 泄气
☐ 悲伤	☐ 无聊	☐ 用功	☐ 敏感
☐ 和善	☐ 友好	☐ 智慧	☐ 外向
☐ 努力	☐ 害怕	☐ 勇敢	☐ 被动
☐ 生气	☐ 有创意	☐ 孤立	☐ 不知所措
☐ 好奇	☐ 忠诚	☐ 冲突	☐ 健康

☐困惑	☐大方	☐空虚	☐死板
☐健壮	☐放松	☐平和	_____
☐自私	☐聪明	☐抑郁	_____
☐偏爱	☐自信	☐侵略	_____
☐孤独	☐洪亮	☐灵活	_____
☐开心	☐接纳	☐主动	_____

你打钩和画圈的词比较起来怎么样?

_____
_____
_____
_____

关于真实的自我,你从这个练习中学到了什么?

_____
_____
_____
_____
_____
_____

今日收获

真实的自我就是最好的自己。

活动 9　对家人而言，你是谁

你知道吗

作为家庭中的一员会影响你在想法、感受和行为方面所做的选择。你可能在家庭中扮演了某一个角色，可能会努力达到家人的期待，也可能会反抗家庭成员或努力讨好他们。有些决定可能来源于真实的自我，而有些可能不是。

麦迪的父母总是吵架。有时，他们的冲突很激烈，会互相咒骂和威胁，一方或双方还可能冲出家门。他们的争吵吓坏了麦迪。当在家时，她会花很多时间试图帮助父母和睦相处，但都没有成功。

艾拉的哥哥是明星摔跤手，获得过全胜，并深受大家的喜爱。与哥哥相比，艾拉觉得自己是个失败者。她开始在学校惹麻烦。虽然她并不是真的想做坏事，但至少她得到了关注，这比活在哥哥影子里的感觉好多了。

贾斯汀的妈妈多年来一直在经济方面苦苦挣扎，家人经常因为没有按时支付房租而被驱逐。贾斯汀的妈妈依靠他在周末打工来帮忙支付账单，当她不得不工作到很晚的时候，她还依靠他在放学后照看弟弟并做饭。贾斯汀知道妈妈和弟弟要依靠他，所以他从不让他们失望。

卡洛斯一直想成为一名老师。他喜欢教小孩，从骑自行车到数学，再到如何发现流星。但卡洛斯的父母都是律师，他们希望他能上法学院。卡洛斯上政治学课程是为了取悦他们，但他对放学后的课外辅导更感兴趣。

家庭情况和期望塑造了我们的生活，并创造了我们在与其他家庭成员的关系中所扮演的角色，例如"成就者""反叛者""照料者""小丑"或"替罪羊"。即使当我们变得更独立的时候，家庭也会影响我们的选择、行为、个性及自尊。这种影响可以引导我们做出与真实的自我非常一致或非常不同的选择。

试一试

在下面编号的横线上：① 说一说你认为前文所述的青少年可能会如何受到家庭情况的影响；② 从之后的列表中选择角色，或编写你创造的角色，而该角色可能由他们各自的处境所塑造；③ 说明你为什么认为这个角色符合或不符合每个人的真实自我。

麦迪

1. _____
2. _____
3. _____

艾拉

1. _____
2. _____
3. _____

贾斯汀

1. _____

2. _____

3. _____

卡洛斯

1. _____

2. _____

3. _____

小丑	知识分子	评论家
严格执行纪律者	教唆者	道德家
霸凌者	守护者	咨询师
成就者	宝贝	总司令
规则遵守者	反叛者	失败者
调解人	中立方	裁判
替罪羊	领导	对抗者
英雄	讨好卖乖者	无拘无束者
成就优异者	硬汉	责备者

再试一试

请在下面的方框中画出你所有的家庭成员，包括你自己。写上他们的名字及你认为每个人在家庭中所扮演的角色，可以从上面的列表中选择角色或自己创造角色。

说一说,你在家庭中扮演的角色带来怎样的感受。

_____

_____

说一说,你觉得家庭是如何期待你去

思考:_____

说话:_____

感受:_____

行动:_____

在每个答案旁边写下从1（低）到10（高）的数字，以评估当试图满足家人的期望时，你认为自己在多大程度上是在做真实的自我。

如果家人对你没有任何期望，请说出你会在上述哪些方面做出改变，而哪些方面你仍然会保持不变。

___

___

___

说一说，你觉得跟家人的关系是如何影响你的自尊的。

___

___

___

___

今日收获

回顾我在家庭中扮演的角色，我可以找到真实的自我。

活动 10　对朋友而言，你是谁

你知道吗

朋友会影响你的所思、所感、所想。你可能在同龄人团体里扮演特定的角色；你可能会努力去达到对这个角色的期待；你可能会通过取悦朋友来合群，或者通过表现得与众不同来认同自己。有的决定可能是出自你的真实自我，而有的可能不是。

玛丽安娜最好的朋友是娜塔莉和汉娜。她们从幼儿园就认识了，一起逛商场、看电影、过夜或约会，度过了最美好的时光。但当玛丽安娜开始打男女混合排球时，她开始与安德鲁和艾米丽走得很近。玛丽安娜是个强健的球员，新朋友也常常鼓励她。当跟新朋友在一起时，她只专注于运动，并对自己有一天能获得奖学金充满信心。

有两组朋友有时会让人很困惑。跟娜塔莉、汉娜在一起的时候，玛丽安娜更注重自己的外表，也更多地谈论男生。而与安德鲁和艾米丽一起时，她穿休闲服或运动服，把自己看作一名运动员，甚至吃得也会更健康。

玛丽安娜喜欢跟两组朋友在一起，但她开始觉得自己像是两个不同的人。"哪个感觉更像真实的你？"她姐姐问道。

"我猜每个都有一点，"玛丽安娜说，"我跟娜塔莉、汉娜玩得很开心，但我也喜欢与安德鲁、艾米丽一起专注于运动。在前一组里，我是派对女孩；而在另一组里，我是运动员。"

"如果你是真的因为喜欢各个场景而进行改变，那么你就是在做真实的自我，"姐姐说，"但如果你只是因为想要合群而改变自己，那你就只是在假装。做适合自己的事情，真正的朋友会支持你的，无论你做什么。"

试一试

在下表的第1列中，请你列出所在的一个或多个朋友团体。用不同的名称标识每个团体，例如"社区服务社团"或"邻里街坊"。在第2列中，从下面的角色中选择（或自己创造，写下你认为自己在该团体中所扮演的一个或多个角色。在第3列中，以从1（低）到10（高）的等级评定你在该团体中的舒适程度。在最后一列中，说明当你与该团体在一起时，你的自尊水平是高、中，还是低。

团　体	我的角色	我的舒适水平	自尊水平
			高　中　低
			高　中　低
			高　中　低
			高　中　低
			高　中　低

派对达人	冒失鬼	理性之声	调解人
浪漫主义者	小丑	煽动者	联系人
倾听者	咨询师	批评家	反叛者
大脑	计划者	霸凌者	透明人
领导	跟随者	受害者	发言者

再试一试

请举例说明,朋友是如何影响你的想法的。

_____

_____

请举例说明,朋友是如何影响你的感受的。

_____

_____

请举例说明,朋友是如何影响你的行为的。

_____

_____

请你说一说,如果没有受到朋友的影响,哪些事情你可能会用不同的方式去做。

_____

_____

在下面的量表上,用某个点来表示当你在跟不同的朋友团体在一起时,你离真实的自我有多远。

|—|—|—|—|—|—|—|—|—|—|

真实的自我   完全不像真实的自我

今日收获

我可以选择来自真实自我的想法、感受和行为。

活动 11 对社会而言，你是谁

你知道吗

所处的社会环境会影响你如何思考、感受和行动。你可能以某种方式行事，以融入社会或与社会拉开距离。有些行为可能是发自真实的自我，有的可能不是。

贾丝明讨厌她卷曲的黑发。她一有机会就把它拉直，因为这就是杂志上模特的样子。有时，她希望她和表兄弟能住在波多黎各，因为那里的人接受卷发，甚至觉得卷发很漂亮。

马库斯是唯一一个报名参加"未来护士社团"的男孩。有时，男性朋友会取笑他，称他为"小马护士"。有时，大人会说："你的意思是你想成为一名医生，而不是一名护士，对吧？"他想过退出，但他真的很喜欢这个社团。马库斯深深地感到护理很适合他，他喜欢帮助病人，但不想承受医学院的压力。有时，他会因为人们认为男性当护士有问题而生气。

艾比在一个严格的宗教社区长大，该社区对行为有许多规定。艾比赞同这个宗教的一些价值观，但不认同其他的价值观。艾比不喜欢别人觉得她和社区的其他成员是一样的，但又不敢说出自己的想法。渐渐地，她发现自己开始打破规则，以此告诉人们她跟社区的其他人不一样。

要获得身份认同，一部分需要探索和发现自己真实的想法、理想、信仰及价值观。只要这些部分是安全的，无论他们是否符合社会的想法，健康的自尊就会包含忠于这些部分的力量和信心。

试一试

对于上述每种情况,请回答以下问题。

贾丝明

贾丝明受到了什么社会价值观的影响?

她对此有何感受?

她对此做了什么?

你觉得这种情况是如何影响了她的自尊的?

如果你是她,在这种情况下你会怎么做?

马库斯

马库斯受到了什么社会价值观的影响?

他对此有何感受？

他对此做了什么？

你觉得这种情况是如何影响了他的自尊的？

如果你是他，在这种情况下你会怎么做？

艾比
艾比受到了什么社会价值观的影响？

她对此有何感受？

她对此做了什么？

你觉得这种情况是如何影响了她的自尊的？

如果你是她，在这种情况下你会怎么做？

再试一试

圈出以下所有对你来说是社会压力来源的选项,也可以使用空白行添加其他的压力来源。

收音机	杂志	宗教领袖	_____
电视	社交媒体	教师	_____
互联网	面对面演讲者	学校员工	_____
广告牌	政客	帮派成员	_____

在接下来的几天里,留意并记录你什么时候会受到社会观念和价值观的影响。通过在下表中记录从1(低)到10(高)的自尊评级[或者也可以继续填写在空白表格中(从http://www.newharbinger.com/50003网站下载)],来记录你的自尊是如何受到影响的。例如,当观看赞扬你所属的少数群体的电视节目时,你可能会注意到自己的自尊心上升。或者,如果你有雀斑并且看到消除"丑陋"雀斑的产品广告,你可能又会注意到自己的自尊心下降。

日期/时间	事　件	来　源	自尊(1～10)

想一想，如果没有受到社会价值观的影响，你的想法、感受或行为会有何不同。

请你描述一下，有什么可能发生的积极变化。

_____
_____
_____
_____
_____
_____

请你描述一下，有什么可能发生的消极变化。

_____
_____
_____
_____
_____
_____

今日收获

我可以决定是否让社会价值观影响我。

活动 12　不知道答案是很正常的

你知道吗

如果你不知道自己的真实自我到底是谁，未来的人生中想要做什么，甚至你连明年想做什么都还不清楚，这都是很正常的。大多数青少年都在试图弄清楚这些事情。要现在就把所有的答案都弄清楚是不可能的。

想到今天上午的职业大会，玛丽亚就感到精疲力尽。大会有来自不同领域的代表，从快餐业到医学都有。玛丽亚不知道自己未来想要什么，光是弄清楚上哪些课就已经花了她很长时间。

"有时候，我甚至不确定想跟谁一起吃午饭，"她对指导顾问威廉姆斯先生说，"有时我想与舞蹈队友一起玩，有时我只想和爱丽儿坐在一起，她真的很安静。有时我想去烹饪学校，有时我又想成为一名会计师。我这是怎么了？"

威廉姆斯先生向玛丽亚保证，她绝对没有问题。"青春期是考验想法、探索兴趣、尝试不同的友谊并发现相处最舒服的人的时候。"他说。

"但似乎其他人都知道他们是谁，他们想要什么，"玛丽亚说，"泰勒要成为一名牙医，伊丽莎白想待在家里并生六个孩子，而我甚至不确定我是否想加入乐队或合唱团！"

"现在，很多孩子都有想法了，"威廉姆斯先生说，"有些人会一条路走下去，但许多人不会。我们学得越多，成长和改变也越多，而你们都还没有完成学习、成长或改变。这可能会让人感到困惑和沮丧，或者你可能会害怕自己永远弄不明白。但重要的是，要记住，不知道答案是完全正常的，你可以先一步步来。"

试一试

回想一下你5岁的时候。试着回忆当时你对自己的了解或对未来的期望，把你能记得的记录在下面，然后每隔几年就记录一下，直到你现在的年龄。

5 岁 _____

___ 岁 _____

___ 岁 _____

___ 岁 _____

___ 岁 _____

___ 岁 _____

___ 岁 _____

你对自己的了解随着时间的推移产生了怎样的变化？

_____

_____

_____

你关于未来的梦想变了吗?

_____
_____
_____

再试一试

请列出 5～10 个你对自己和未来的想法(例如,"我很外向""我要去美容学校"或"我要从政")。在每个想法旁边用从 1(不太确定)到 10(非常确定)的数字来记录你对这个想法的确信程度。

_____ _____
_____ _____
_____ _____
_____ _____
_____ _____

填写下面的空白处,允许自己有关于自己或未来不知道的事。你也可以从 http://www.newharbinger.com/50003 网站下载表格。

我,_____,允许自己 _____

_____
_____

日期 _____ 签名 _____

今日收获

对未来自己想要什么感到不确定是很正常的。

活动 13　发现你的喜恶

你知道吗

你能通过发现自己喜欢和不喜欢什么来了解真实的自我。世界上没有任何其他人有着跟你完全一样的喜恶。

"今天我们将通过探索自己的喜恶来了解自己，"奥利维亚的心理学老师亨宁女士说，"我们每天都会做出数百个选择，这在很大程度上取决于我们喜欢什么和不喜欢什么。我们做出的每一个选择都会决定我们的行为，让我们走得更远，塑造我们为自己创造的生活。你一般每天会做出哪些选择？"

"穿红色T恤，还是棕色T恤。"凯尔说。

"吃百吉饼，还是麦片。"威洛说。

"看电影，还是去商场。"奥利维亚说。

"跑步，还是打垒球。"欧文说。

"我们的偏好部分来自经验，"亨宁女士说，"如果我们做了某件事并且喜欢它，我们就会想再做一次。偏好也部分来自生物学：喜欢绿色多过黄色，喜欢辣酱多过酱油。我们的偏好受到大脑和身体细胞对事物的反应方式的影响。"

"我们为什么要谈论辣酱和酱油？"凯尔问。

"好问题！"亨宁女士微笑着说："因为更了解我们喜欢和不喜欢的东西有助于增强自我意识。我们可以更好地了解我们是谁，以及为什么会成为这样的自己。"

试一试

请勾选下面每对事物中更吸引你的项目。

走路	骑车	节省	丢弃
做饭	外食	冷	热
写	说	数字	文字
专注	做梦	白天	黑夜
书	电视	沙漠	山峰
在家	出门	给予	获得
飞机	汽车	摇滚	说唱
硬	软	上学	工作
泡澡	淋浴	天空	地面
快	慢	牛仔裤	运动裤
正式	随意	糖	盐
肉	蔬菜	城市	乡村
喜剧	戏剧	结构性	流动性
可乐	无气饮料	春	秋
独处	与人共处	陆地	海洋
凉鞋	球鞋	玩	看
卷发	直发	情景喜剧	新闻
暗色	亮色	说	听

请填写下表，记录你最喜欢和最不喜欢的东西。

类别	最喜欢	最不喜欢	类别	最喜欢	最不喜欢
电影			饮料		
食物			游戏		
歌曲			作者		
颜色			电视剧		
课程			爱好		
演员			城市		
运动			视频		
动物			图书		
音乐			月份		

再试一试

如果你可以成为除人类以外的任何生物，请说说你想成为什么及理由。请仔细想一想，你是想飞行、游泳、跑步，还是爬行？或者，你是想住在野外、动物园，还是某人的家或院子里？

如果你可以成为任意食物，请说出你想成为什么及理由。你想变成辣的、甜的，还是苦的？被吃掉的时候，你希望自己是热的，还是冷的？你想做主菜，还是配菜？

请将你对动物的描述与对食物的进行比较，它们看起来有相似的品质吗？如果不相似，请说明它们有何不同。

请说说你认为你的选择表达了哪些关于自己的信息。

今日收获

我的个人喜恶帮助我了解我是谁。

活动 14　发现你的梦想

你知道吗

你可以通过探索自己的梦想、观点和目标来了解真实的自我。白日梦、夜晚的梦、有目的的思考及随机的想法都能够提供线索，告诉你自己真正是谁，以及你最想要什么。

"今天我们要探索自己的梦想，"亨宁女士说，"当对未来做白日梦时，我们通常会想到最吸引我们的情况或人。也许，你会想象自己上光荣榜、去听音乐会、与某人约会，或者去度假。"

"我梦想着去有棕榈树和海滩的地方旅行。"珍妮尔说。

"我有时梦想成为一名兽医，有时又梦想成为一名工程师。"奥利维亚说。

"我梦想有一天独自生活，而不是跟兄弟姐妹住在一起！"南森说。

"你对未来的梦想可能非常清晰，或者也可能是模糊或矛盾的，"亨宁女士说，"这些梦想通常受到成长方式的影响，或者受你所看到的成年人的生活方式的影响。你可能会希望自己的未来比父母的更好，你可能想继承家庭传统或创造新的传统。"

"我的梦想是帮助像我那患有唐氏综合征的姐姐一样的残疾儿童。"阿什利说。

"我的梦想是踢职业足球，而不是像我爸爸那样坐在办公室里。"尼尔说。

"当探索未来的梦想时，你就可以更多地了解今天的自己。"亨宁女士说。

试一试

为了帮助你发现自己的梦想,请回答以下问题。

如果我能实现三个愿望,它们会是:

1. _____

2. _____

3. _____

如果我赢了彩票,我首先会花钱买的三样东西是:

1. _____

2. _____

3. _____

如果我可以去世界上任何一个地方,我会去:

1. _____

2. _____

3. _____

如果我有一项天赋或技能,它将是:

1. _____

2. _____

3. _____

请在下列选项中圈出你想要改变的部分，也可以在横线上补充：

人种	宗教	种族渊源	＿＿＿＿＿＿
性别	出生国家	家庭组成	＿＿＿＿＿＿
身体能力	社交能力	智力	＿＿＿＿＿＿

再试一试

请你找一个不会被打扰的安静的地方，以舒服的姿势，闭上眼睛，并花几分钟把注意力集中在呼吸上，帮助自己清空大脑。你不必改变自己的呼吸模式，只要注意它就好，注意你的呼吸从哪里进出，以及它在身体中走了多远。让自己在呼吸中放松，感受内心的宁静。

当你感到平静和安全时，让思想进入未来。想象日期是5年后的今天，想想5年后你希望理想的一天是什么样的。假装你可以在这一天随心所欲，没有限制。想象自己早上醒来，看看周围，你在什么样的环境中？你体验到什么样的颜色、声音和感觉？醒来后，你做的第一件事是什么？下一步你要怎么做？你看到了什么？你和谁互动？想一想，如果你能做任何你想做的事，你会如何度过这一整天的时间？你会和谁在一起？你会去哪里？

花尽可能多的时间以这种方式想象这一整天，以你喜欢的方式去设想一切。当你完成这个可视化过程以后，请回答以下问题。

当你在这理想中的一天醒来的时候，你身处何处。

＿＿＿＿＿＿＿＿＿＿＿＿＿＿＿＿＿＿＿＿＿＿＿＿＿＿＿＿＿＿＿＿＿＿＿＿＿＿＿

请列出你做了什么事。

＿＿＿＿＿＿＿＿＿＿＿＿＿＿＿＿＿＿＿＿＿＿＿＿＿＿＿＿＿＿＿＿＿＿＿＿＿＿＿

如果有人跟你在一起的话，请列出你跟谁在一起。

_____

_____

_____

请列出你这一天的感受。

_____

_____

_____

你为这理想一天所选择的细节展现了你珍视和渴望的东西是什么？

_____

_____

_____

你理想的一天与你在上一个练习中写下的相似吗？

_____

_____

_____

今日收获

我关于未来的梦想有助于揭示真实的自我。

活动 15　发现你的信念

你知道吗

通过探索自己的信念，你会了解真实的自我。你关于世界、生活、是非对错、好坏的信念会影响你的所思、所感和所为。有些信念也许能够反映出你的真实自我，而有些则不能。

当奥利维亚走进心理学课的教室时，黑板上写有几行字：

世界是如何创造的？
合法饮酒的年龄应该是多少？
我们学校的着装要求是否公平？
政府应该拥有多少权力？
死后是否有来生？

"我们都对这些话题抱有信念，"亨宁女士说，"我们的信念体系可能会受到家庭、朋友、种族、宗教传统，以及在成长过程中学到的一切的影响。信仰存在于方方面面中。它们可能是强烈的或温和的，理性的或非理性的，也可能是固定的或可以改变的。谁能分享一些你小时候学到的信念？"

"我的家人对教育有着坚定的信念，"布雷登说，"从我们出生开始，父母就告诉我和兄弟们，我们要上大学。"

"我父母说:'诚实是最好的方法。'"珍妮尔说。

"我爸爸说:'政府应该别来烦我们。'"奈尔说。

"阿姨和妈妈总跟我说她们在教堂里说的话,"奥利维亚说,"给予总比接受好。"

"这些都是很好的例子,"亨宁女士说,"有时我们会继续坚持那些被教导的信念,这是因为它们符合我们的想法;而有时我们继续相信它们,只是因为我们从未停下来去质疑它们是否适合自己。

"无论信仰是什么,你都有权拥有它们。它们帮你为自己所创造的生活做出选择。当探索你的信念体系时,你可以更好地了解自己。"

试一试

请列出你在成长过程中反复听到的想法或信念,无论它是来自家人、朋友,还是社会。在每个选项的左侧,如果你同意这个信念,请圈出向上的箭头,如果你不同意,请圈出向下的箭头。

↑ ↓ 1. _____

↑ ↓ 2. _____

↑ ↓ 3. _____

↑ ↓ 4. _____

↑ ↓ 5. _____

请重写你不同意的信念,修改它们以更准确地反映你的个人信念。

1. _____

2. _____
3. _____
4. _____
5. _____

你在不符合真实自我的信念上采取行动所用的时间与你所有时间的比例是多少？请圈出最能代表其占比的数字。

10%　20%　30%　40%　50%　60%　70%　80%　90%　100%

再试一试

请选择以下问题中的5个或以上，基于你的个人信念来回答，而不仅仅是基于其他人告诉你的。你的信念可能与朋友或家人的相同或不同。你可能不确定你对这些主题的信念是什么，那也没关系。

哪些环境问题是最重要的？

_____

怎样的政治立场你觉得最有道理：自由的、温和的，还是保守的？

_____

你对战争怎么看？

_____

离婚应该更容易,还是更困难?

你所在国家或地区的合法饮酒年龄应该改变吗?

你所在国家或地区的合法驾驶年龄应该改变吗?

穿校服能让学生感到彼此更平等吗?

在什么情况下是可以进行性行为的?

可以打孩子吗?

世界上存在神吗?

人死后会怎样?

人类的生命是如何被创造的?

堕胎应该合法吗?

所有人都应该有权拥有枪支吗?

___

死刑该不该废除?

___

非法移民应该拥有什么样的权利或享受怎样的服务?

___

街头毒品应该合法化吗?

___

同性伴侣是否可以合法地结婚?

___

今日收获
我的信念能帮我理解对我来说什么是重要的。

活动 16　发现你的激情

你知道吗

探索能让你充满激情的事物会帮你了解真实的自我。你可能会对想法、物品、活动或人充满激情。激情是一种来自你内心深处的感觉，并且通常是真实自我的反映。

在课堂的最后一天，奥利维亚的老师宣布他们将谈论激情。一些学生笑了起来。"我以为我们只在健康课上讨论这个！"有人说。

"你想到的是性欲，"亨宁女士说，"这是激情的一个例子，但只是激情的一种。激情可以是任何能深深打动你的东西，从想法到爱好，再到一个人。我们通常对自己的激情有强烈的投入感，这种连接超越了思维的水平。我们可以在身体、情感和精神层面感受到我们的激情；激情比喜恶更强大、更深入。谁能说出自己的激情并谈谈它对自己的影响？"

"动物权益，"欧文说，"我看过电影，也读过关于工厂化农场如何残酷对待动物的文章。许多动物被关在狭小的笼子里，甚至一辈子都站不起来。这就是为什么我是素食主义者。"

"别笑，"安德鲁说，"我的激情是棒球收藏！我有9个大联盟的亲笔签名棒球，我希望今年夏天能拿到第10个。有一次，我发现哥哥在玩我的球，我真的很生气，因为它们对我来说非常重要。"

"跳舞，"阿什利说，"我从幼儿园就开始上舞蹈课了，我不知道自己会不会停止,但我喜欢跳舞时的感觉。"

"我想,我对男朋友是充满激情的,"奥利维亚说,"不仅在身体方面,我还非常喜欢跟他在一起。我们都喜欢滑雪和恐怖电影,还有什么都加的比萨饼。他善良而诚实,还总逗我开心,我觉得他是我最好的朋友。"

"很好,"亨宁女士说,"大家已经发现,我们可以对想法、物品、活动及人充满激情,而发现你的激情可以提高你对真实自我的认识。"

试一试

请圈出能让你充满激情的想法、物品、活动、人或动物。

想法
| 政治 | 公民权利 | 宗教 | 人文科学 | 教育 |
| 动物权益 | 离婚 | 自由 | 和平 | 健康 |

物品
| 珠宝 | 衣服 | 书 | 运动器材 | 车 |
| 钱 | 电脑 | 手机 | 艺术品 | 乐谱 |

活动
| 学习 | 社交 | 运动 | 艺术 | 音乐 | 旅行 |
| 志愿活动 | 吃 | 睡 | 户外活动 | 阅读 | |

人/动物
| 濒危动物 | 朋友 | 家人 | 全人类 | 病人 |
| 无家可归者 | 宠物 | 残障人士 | 兄弟姐妹 | 男朋友或女朋友 |

在下面的框中,通过写或者画的方式更加个性化地描述你的激情。例如,你可能会写下某人的名字或你对学校强制性出勤的感受,抑或画出你最大的爱好。

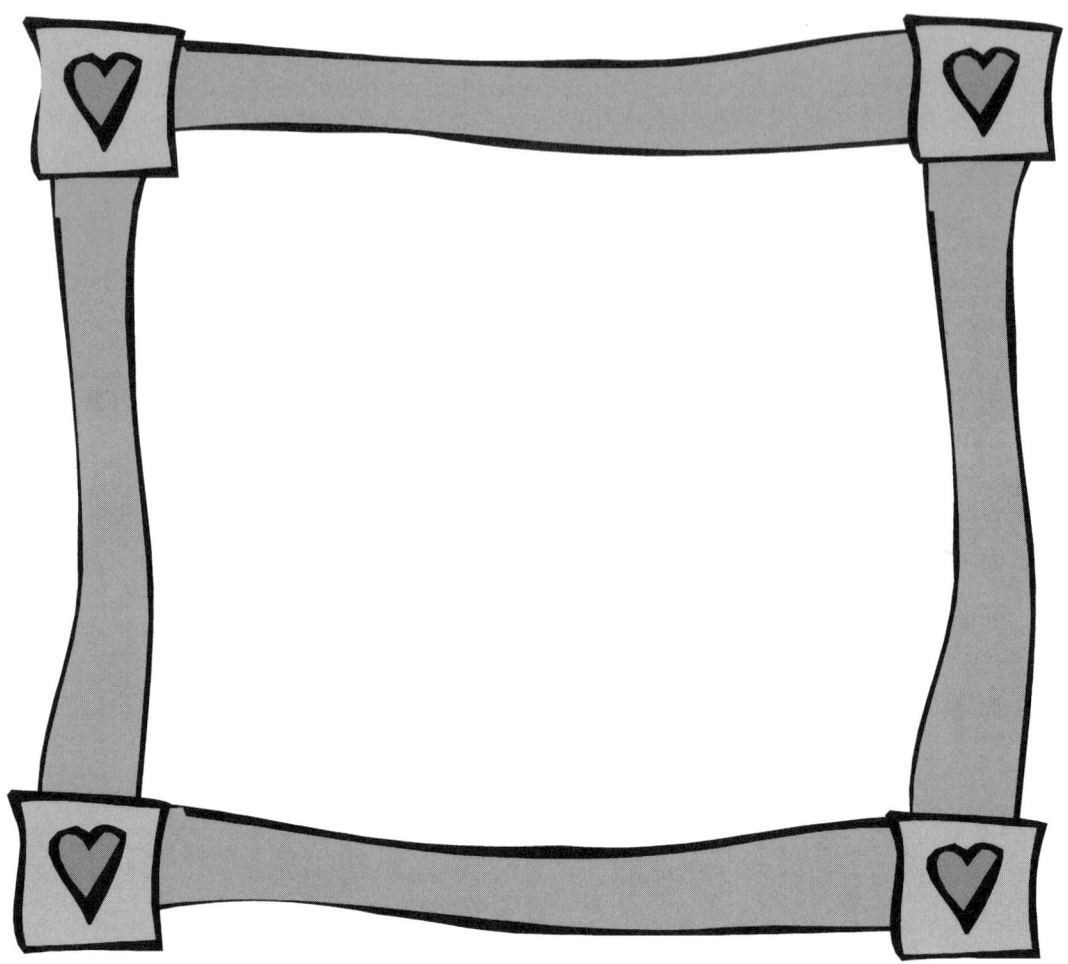

再试一试

花几分钟安静舒适地坐着,闭上眼睛,保持放松。做几次平静的呼吸,然后开始思考你最大的激情之一。它可能是一个想法、一件事物、一项活动、一个人或动物。想象你沉浸在激情中的画面。当你观察自己时,注意自己的身体是如何反应的。产生了什么感觉?你在哪里感觉到它们?也许你会感受到刺痛或温暖,也许你会在身体的某个部分(或全身)感受到一种正能量。

继续想象自己沉浸在激情中,并享受这个画面唤起的感受。当你准备好时,轻轻地将注意力拉回到当下,然后睁开眼睛。

当你完成后,趁着感觉还在,花几分钟发自内心地写下这种激情对你意味着什么。

_____

_____

_____

_____

_____

今日收获

我的激情会告诉我"我是谁"。

活动 17　宇宙中的你

你知道吗

当你为如何处理生活中的难题而纠结时，试着从更广的视角去看待它。超越个人性格和当下的问题，问问自己"在这个宇宙中，我想做谁？"这能帮你选择做符合真实自我的行为。

当面对一个不知道如何处理的挑战性场景时，你很容易陷入困惑、沮丧或痛苦之中。你可能会考虑一个又一个的选项，试图预测如果你以一种或另一种方式行事会发生什么。你可能会猜测别人会对你的选择想什么或者说什么。你可能会花很多时间去担心自己最后是否会感到尴尬或沮丧。

让其他人可能出现的反应影响我们的决定，这会使我们陷入不安全的思维中。如果我们总是被别人的想法所左右，我们就永远不会安心。我们只会从围栏的一侧转移到另一侧，然后再回来，努力做我们以为别人想让我们做的事情。

我们可以采用更广阔的视角来看待问题，从而摆脱这种混乱的情况。与其问"他们会怎么看我？"，我们更要问的是"我想成为宇宙中的谁？"。

这个问题将我们的思想带到更宏大的概念上，即我们到底是谁及我们想为这个星球做出什么贡献。我们想成为什么样的人？我们想要遵循什么样的价值观？我们想如何与他人产生连接？

提出这个问题可以帮助我们更清楚地考虑能够让我们忠于真实自我的行为选择。

试一试

请在下面的横线上列出你因为他的生活方式而钦佩他的人,他可能是家庭成员、朋友、公众人物或历史人物。在每个名字旁边,写下他的哪些性格品质是你想培养的。

_____

_____

_____

_____

_____

请回答以下问题:

我想支持什么?

_____

_____

我想为这个世界贡献什么?

_____

_____

我想因为什么而被别人记住?

如果我有改变世界的能力,那世界改变之后会有什么变化?

再试一试

想想你想成为什么样的人,并说说在以下场景中你会如何表现。

活动17 宇宙中的你

你和朋友在商场里看到一个跛脚的女孩。有一个朋友开始假装跛脚走路，很快其他人都笑着做同样的事情。他们希望你也加入进来。女孩回头的时候，你看到了她脸上的痛苦和尴尬。

_____

_____

一个好朋友借了你最喜欢的上衣去穿，结果衣服前面沾上了很大一块污渍。污渍洗不掉，这件衣服也没法穿了。

_____

_____

你弟弟总是烦你。你看到一些大孩子在公交车站骚扰他并且抓他的书包。

_____

_____

表弟想让你帮他做作业，因为他不会。他说这不算作弊，因为你们上的不是同一个学校。

_____

_____

你最好的朋友跟你吵架以后,拒绝和你说话。其他的所有朋友都说你是有理的那个。

_____
_____
_____

现在,想想现实生活中你与某人起冲突,或者出现其他困扰你的情况,说说你会如何根据理念行事。

_____
_____
_____
_____
_____
_____

今日收获

我通过思考"我想在宇宙中成为谁"来选择自己的行为。

活动 18　你为什么存在

你知道吗

因为你是唯一拥有你特定的天赋、技能和才能组合的人，所以你对这个宇宙做出的是独特的贡献。理解并探索这个概念，坚持自己的道路，能帮助你活出自己的本真，无论其他人说或做什么。

当开始倾听内心真实声音的时候，你会更清楚地知道什么对你最好，而什么又不是，这其中就包括选择哪些人生道路会适合你。

它们可能是你日常生活中会遇到的岔路口，比如决定打篮球还是排球、当保姆还是从事快餐工作，抑或跟一群人还是另一群人成为朋友。或者，它们可能是更大的岔路口，延伸到未来，影响你的职业和人生选择。没有谁与你完全一样，因此没有一个人的道路完全适合你。

没有人可以实现与另一个人完全相同的目标。了解你的独特目标可以让你对自己的价值和对自己能为世界所做出的特殊贡献更有信心。当你感到不确定或脆弱时，了解目标或者靠近它，都可以给你信念。坚信自己活着是有特殊原因的可以给你力量，在别人试图说服你脱离初心的时候坚持自己的信念。

重要提示：如果你认为自己的目标可能导致你以非法、不道德或不符合伦理的方式行事，或者做一些会给你带来麻烦的事情，**请仔细检查一下**。这很可能是一个被误导的想法，因为真实、健康的目标很少会导致负面结果。

试一试

伟大的艺术家、发明家和智者总是遵循他们既定的目标来寻求成功。请写下你认识的、正在实现真实人生目标的人,并说说你为什么认为他们是这样的人。

_____

_____

_____

_____

_____

如果有机会,跟这些人聊聊他们的人生经历。你可以问问他们第一次了解自己的人生目标是什么时候,他们的意义随着时间推移是如何变化的,或者他们做了什么来追求目标。请把他们的回答记在这里。

_____

_____

_____

_____

_____

_____

再试一试

你可能很清楚人生目标是什么，或者你可能根本不知道。无论哪种情况都没关系，如果你不断探索和接受真实的自我，你最终会找到你的目标。

请根据对你的吸引程度，以1（低）到10（高）的等级对下面列出的每项活动进行评分。试着用直觉做出回应，而不是过度思考。如果你有更多的活动，也可以加上去。

_____	与海豚一起游泳	_____	规划城市
_____	照顾他人	_____	激情演讲
_____	教导儿童	_____	启发他人
_____	户外活动	_____	电脑工作
_____	开动脑筋	_____	舞动身体
_____	划船	_____	与儿童玩耍
_____	技术型工作	_____	数字相关工作
_____	领导他人	_____	写作
_____	跨国旅游	_____	有自己的生意
_____	服务他人	_____	体育运动
_____	照顾家庭	_____	动物相关工作
_____	改善健康状况	_____	改善环境
_____	_____	_____	_____
_____	_____	_____	_____

你对哪些活动的评分高于5分?

___

___

你给哪些活动打了5分或更低?

___

___

请描述你在这些评分中看到的规律。

___

___

___

请列出你的天赋和能力。

___

___

___

你的评分和你的天赋与能力相比,如何?

___

___

___

当你发现自己在自我怀疑中挣扎或陷入负面细节中时，问问你自己：

我是来帮助谁的？

_____

我来这里做什么？

_____

我今天的目标是什么？

_____

让一两个熟悉你的人告诉你他们认为的你的目标可能是什么。让他们说说自己的理由，并在下面记录他们的回答，然后写下你的想法，说明你同意还是不同意及对应的理由。

_____
_____
_____
_____
_____

今日收获

请记住，我的生命中有一个独特的目标，它能帮我忠于自己。

活动 19　赞美你的优势，改善你的弱点

你知道吗

这个星球上的每个人都有自己的优势和弱点。拥有健康的自尊意味着你既能承认并赞美自己的优势，又能接受并克服自己的弱点。你要明白，没有人会影响你作为一个人的先天价值和意义。

只要你还活着，你就有长处，没有人是毫无长处的。你的强项可能是身体上的，比如擅长曲棍球、太极拳、烹饪或骑马；或者，可能是智力上的，比如擅长化学、计算机科学或问题解决；也可能是情绪上的，比如在危机中保持冷静、富有同情心或者有耐心。也许，你的长处是慷慨、有条理、忠诚、勤奋、可靠，或者清楚地表达自己。当你能承认并赞美所擅长的事情和引以为傲的品质时，你就会建立起健康的自尊。

没有人喜欢自己有弱点，但它们不该对你的自尊心造成损害。这个星球上不存在完美。所以，如果你对自己很失望是因为自己不擅长所有事情，或者无法与每个人都做朋友，抑或无法在每个学科上都很擅长，那么你正在进行一场注定会失败的战斗。更健康的习惯是接受你的弱点，然后在必要时努力改进它们。有些弱点没有那么要紧，比如你不擅长三角函数，而你想成为一名按摩师。但如果你有社交焦虑又想竞选公职，你可能需要克服它。如果你打一个鸡蛋却会搞得满地都是，可你又想成为一名糕点师，那么你就需要改进；但如果你想成为一名会计师，你不会打鸡蛋就没多大关系。

试一试

优势可以包括你已经赢得的东西或取得成就的领域；它还可以包括你的尝试、想法，以及你是谁。光是阅读本书就体现了你的优势，因为这意味着你愿意尝试新事物，也意味着你有希望和勇气，并且愿意改变。

请圈出以下任何与你有关的优点，然后在后面的横线上再自己添加至少5个优点。

好的倾听者	充满爱	擅长音乐
善待动物	负责	擅长策划派对
很有幽默感	诚实	擅长写作
耐心	可靠	吃得很健康
真诚	聪明	灵活
干净	是很好的朋友	_____
忠诚	勇敢	_____
有运动天赋	在某个爱好方面有天赋	_____
努力	坚持不懈	_____
善待他人	优秀的研究者	_____

至少问3个人，他们认为你的优势是什么，然后把他们的回答记在这里。

1. _____
2. _____
3. _____

再试一试

想出最多 5 个自己可以改进的领域。比如,你可能很难讲实话、很难守时、不擅长考试、在某个游戏中很难取胜,或者很难交到朋友。

1. _____
2. _____
3. _____
4. _____
5. _____

改进这些领域对于实现你的人生目标有多重要?以 1(低)到 10(高)的等级对每个领域进行评分。

接下来按重要性顺序,列出你要改进的领域。在每个领域后面,写一个你可以为之努力的短期目标和长期目标。最后,写下开始和完成每个目标的实际日期。

改进的领域 _____

短期目标 _____

开始日期 _____   完成日期 _____

长期目标 _____

开始日期 _____   完成日期 _____

改进的领域 _____

短期目标 _____

开始日期 _____ 完成日期 _____

长期目标 _____

开始日期 _____ 完成日期 _____

改进的领域 _____

短期目标 _____

开始日期 _____ 完成日期 _____

长期目标 _____

开始日期 _____ 完成日期 _____

改进的领域 _____

短期目标 _____

开始日期 _____ 完成日期 _____

长期目标 _____

开始日期 _____ 完成日期 _____

改进的领域 _____

短期目标 _____

开始日期 _____　　完成日期 _____

长期目标 _____

开始日期 _____　　完成日期 _____

今日收获

我尊重并赞美自己的优势，接纳和改进自己的弱点，从而保持健康的自尊。

活动 20　直觉的力量

你知道吗

发现并倾听你的直觉或"内心的声音",可以引导你走向真实的自我和适合自己的道路。当你学会相信真实自我的时候,就能更好地了解并遵循自己真实的道路。

有时,我们对什么适合自己有一种强烈而深刻的感觉。或许,我们一直想教书、行医或爬山;或许,我们被某种特定的运动或爱好所吸引。当想到这些的时候,我们可能不知道自己为什么要这样做;我们只知道这是一种深深的向往,参与这项活动的感觉很好。

有时,我们对做出决定有一种强烈而深刻的感觉,即我们就是知道这个决定是正确的,而那个决定是错误的。有时,我们也对某事即将发生有一种强烈而深刻的感觉。我们可能会想:"我有一种感觉,玛丽亚很快就会打电话过来",或者"我有一种感觉,我会回到这里"。

这种强烈而深刻的感觉被称为直觉。来自直觉的信息既能在身体中被感受到,也能在脑海中听到。有时,这些信息并不符合逻辑;有时,我们没有听从这些信息,然后想:"我就知道我不该那么做的,我为什么没跟着直觉走?"

关注直觉可以帮助我们找到真实的自我。忠于这些自我的部分可以帮助我们建立和保持健康的自尊。

试一试

不要思考,用你的第六感或者直觉,圈出适合你的答案。

哪个颜色最吸引你?

红色　　橙色　　黄色　　蓝色　　绿色　　紫色　　棕色　　黑色　　白色

哪个形状最吸引你?

○　　▭　　△　　□　　∧∧　　⌐

哪个数字最吸引你?

6　　3　　10　　2　　5　　8　　4　　9　　7　　1

哪个符号最吸引你?

♡　　☆　　⇨　　☾　　☮　　☺　　⚡

哪个字体最吸引你?

这个　　这个　　这个　　这个　　这个

请写下那些你不知道为什么但就是可以一拍即合或者建立联系的人的名字。

_____

_____

_____

_____

活动 20 直觉的力量

有些人会深深地体会到自己想成为建筑师或父母、去旅行或学习艺术,请描述你对未来的任何深刻了解。

_____
_____
_____

请描述你可能在身体里"感觉到"答案的时刻。也许那个时候,你会胸口发紧或心跳加速。

_____
_____
_____

请描述你感觉自己被某人或某事吸引的时刻,就仿佛有磁铁在吸引你。

_____
_____
_____

请描述你注意到直觉在对自己说话的时刻。

_____
_____
_____

再试一试

在接下来的几天里,留意并记录下你的所有直觉。直觉并不总是遵循逻辑,它们是你感受到的想法或感觉,而不是理智上的。例如,"我有一种要下雨的感觉",或者"尽管对方球队的胜算很大,但我有一种我们会赢的感觉"。

重要提示: 如果直觉告诉你要做一些非法、不道德或不符合伦理的事情,或者会给你带来麻烦,**请仔细检查一下**。这很可能是一个被误导的想法,因为真正的直觉很少会导致负面后果。

第1天的直觉:＿＿＿＿＿＿＿＿＿＿＿＿＿＿＿＿＿＿＿＿＿＿＿＿＿
＿＿＿＿＿＿＿＿＿＿＿＿＿＿＿＿＿＿＿＿＿＿＿＿＿＿＿＿＿＿＿＿
＿＿＿＿＿＿＿＿＿＿＿＿＿＿＿＿＿＿＿＿＿＿＿＿＿＿＿＿＿＿＿＿

第2天的直觉:＿＿＿＿＿＿＿＿＿＿＿＿＿＿＿＿＿＿＿＿＿＿＿＿＿
＿＿＿＿＿＿＿＿＿＿＿＿＿＿＿＿＿＿＿＿＿＿＿＿＿＿＿＿＿＿＿＿
＿＿＿＿＿＿＿＿＿＿＿＿＿＿＿＿＿＿＿＿＿＿＿＿＿＿＿＿＿＿＿＿

第3天的直觉:＿＿＿＿＿＿＿＿＿＿＿＿＿＿＿＿＿＿＿＿＿＿＿＿＿
＿＿＿＿＿＿＿＿＿＿＿＿＿＿＿＿＿＿＿＿＿＿＿＿＿＿＿＿＿＿＿＿
＿＿＿＿＿＿＿＿＿＿＿＿＿＿＿＿＿＿＿＿＿＿＿＿＿＿＿＿＿＿＿＿

为了练习超越自己的理智并倾听来自内心的声音,请尝试以下练习。

当你完成后,请描述你对每项活动的体验。

- 安静舒适地坐着,面前放几张白纸或一台电脑,抑或其他移动设备。清空思绪,然后写下"我记得……"并跟着随之而来的任何想法进行下去。继续写下任何脑海中出现的东西，而不去对其进行思考或评判。忽略拼写、语法、标点符号和任何其他你学到的写作规则，只需让直觉接管并表达出现的任何内容。怎么写让你感觉到舒服，就怎么来。

_____

_____

- 安静舒适地坐着，闭上眼睛。轻松地呼吸几次，看着一个场景在脑海中展现，让想象力引领你到任何地方。你注意到在你面前出现了什么？

_____

_____

- 在一天中的任何时候，暂停活动片刻，并调整自己的状态。感受心跳和呼吸，注意肌肉在做什么，并让它们放松。闭上眼睛，感受让你充满活力的能量。当把自己转向内在时，你只需倾听，注意任何接收到的来自内心的声音。

_____

_____

- 注意你对人和情景是如何反应的。当你发现自己坚持固执的想法时，试着放开，敞开心扉。让直觉来提供答案和行动，而不是大脑。请注意这对你产生了怎样的影响。

_____

_____

- 在安全和健康的情况下，做出能让你快乐的选择。幸福的感觉比开心更深刻、更包罗万象。感受到真正的幸福通常是我们遵循直觉并忠于真实自我的信号。

今日收获

我的直觉是来自真实自我的信息。

活动21 你的身体意象：如何对抗虚假的事实

你知道吗

自己的外表与主流文化中美丽的标准相比起来如何，我们关于这一点的看法通常会影响自尊。当主流文化中美丽的标准很难实现，但商家还在推销相关产品时，销售额会上升，而人们的自尊会下降。重复购买但未能达到理想的模式有助于企业蓬勃发展，但会导致购买者对自己不满意。不管进行了多少次节食、参加了多少运动和健身，购买了多少遮盖和改变容貌的产品，人们仍然无法达到那个几乎不可能实现的审美标准。

萨凡纳结束体操比赛回到家，她感觉很好。她在蹦床项目中获得了最高分，那天上午还在化学考试中取得了优异的成绩。她想在做作业之前放松一下，于是开始浏览网上的时尚广告，看看有什么新东西。但只过了几分钟，她就觉得幸福感在消散。她正在看泳装广告，模特们个个都比她高很多、瘦很多，而且都拥有完美的肌肤，一个个看上去无忧无虑、幸福快乐，还都有好看的伴侣陪在身旁。"谁在乎我在蹦床上或学校里做什么？"她想，"我永远不会看起来像她们一样。"

第二天的集会上，一位特邀演讲者讲述了人们是如何准备模特照片的。不管是电子出版的，还是印刷出版的，模特的照片都会事先在电脑上进行修饰。她展示了如何敲一敲键盘就使眼睛变大，皮肤变光滑，大腿变细，肌肉变紧实，并说："重要的是，我们要知道自己在广告中看到的不是现实情况；这些图像都是被处理、修饰、磨皮过的。"

演讲者还谈到了贩卖审美标准这门大生意。"每年有数十亿美元都花费在让我们相信人只有一种'正确'的模样。关于美的标准有着武断的观念,并在过去的数十年中一直变化。这与古希腊人很看重乳头到肚脐的距离是一样的。在传奇女星玛丽莲·梦露的时代,人们看重丰满的曲线。有时男性'应该'是精瘦的,有时又'应该'是充满肌肉的。

"当接受了一种不真实的审美标准,我们也会去买美容和减肥产品,于是这个行业很赚钱。而当模特们甚至不是'真实'的时候,我们就永远无法跟他们一样,也永远不会停止购买那些产品。但我们可以选择不被商业所控制,也可以学会拿回自己的权力并为自己思考。"

萨凡纳思考了所有的这些信息,她感觉很生气,但同时充满力量。她决定不再严格地评判自己的外貌,不让那些甚至不认识她的人去决定自尊。

试一试

在接下来的几天里,请注意你听到的文化中关于"正确"外表的信息,并圈出它们的来源。

电视	网络	其他
平面广告	电影	_____
电台	商场广告	_____
广告牌	社交媒体	_____

把你听到的信息记录在这里。在那些真实的信息旁边圈"T"(true,真实),在那些以赚钱为目的的信息旁边圈"$"(金钱符号)。

T $ _____

T $ _____

T $ _____

T $ _____

T $ _____

请你说说那些圈金钱符号的信息是如何影响自尊的。

再试一试

写一写,你打算如何从商家拿回属于自己的控制权,即掌控对自身外表的感觉。

使用上述信息源或寻找其他宣传普通人无法实现的审美标准的信息源。打印或抄写这些广告语或信息,然后用碎纸机粉碎它们,或者用其他方式(安全地)销毁它们。请列出你销毁的消息,然后描述这样做的感觉。

当你以这种方式掌控自己对外表的感受时,这会如何影响你的自尊心?

_____

_____

_____

如果你来运行宇宙,并且可以改变"正确的外貌"的概念,你会怎么做?

_____

_____

_____

_____

_____

_____

_____

今日收获

我拒绝将自己与实际上并不存在的"完美"外貌进行比较,拒绝让企业告诉我应该有怎样的外貌来帮助其赚钱。

活动 22　你的身体意象：如何去爱自己的身体

你知道吗

专注于自己不喜欢的身体部位会让我们对自己感觉不好，而专注于身体所有美好和积极的方面有助于建立健康的自尊。

　　布丽安娜的体格比班上的所有女孩和大多数男孩都大。她又高，骨架又大，她感觉自己就像一个巨人。她试着含胸驼背，吃更少的东西来让自己变"小"，但没有任何效果。她每天都讨厌自己的外貌。一天，游泳教练来找她。"与其批评自己的身体，你为什么不赞美它？"克拉克女士问道。"长而强壮的手臂和腿真的很适合在水中运动。"于是，布丽安娜加入了游泳队，并开始打破纪录。她不再担心自己的身体与其他人相比是怎样的，而是对身体表示感恩。

　　我们来到这个世界的时候，爱着自己的身体，着迷于自己的腿如何能踢出去，手指能如何摆动。但随着成长，我们开始听到这样的声音，即身体要有某一种特定的样子才会有价值。我们忘记了身体的真正意义：看、听、吞咽、思考、触摸、消化、休息、治愈、品尝、摄取养分、从一个地方移动到另一个地方，以及进行新陈代谢。当专注于外表时，我们会忘记这些奇迹的存在。

　　当我们误以为自己的价值与外表相关，以及相信自己只有更高、更矮、更瘦、肌肉更发达或更不发达、皮肤更干净、肤色更白或更深才会快乐的时候，这也会损害我们的自尊。

拥有健康的自尊意味着你认识到所有的身体都是不同的，并且本就应该是不同的。你不再对这个美好的躯体抱有消极的想法，而是开始爱你的身体，因为它是一个奇迹。你喜欢身体这个"移动之家"，因为它可以带你去任何想去的地方，让你滑水、睡觉、品尝比萨、攀岩、拥抱、亲吻、大笑、蜷缩在沙发上及看日落。当你从批评身体转向欣赏它的一切，自尊就会提升。

试一试

以下词汇描述了身体的各个部位，请你在每个部位旁边写下它的作用，并在你感恩的部位旁边画"☆"。

_____ 静脉	_____ 心脏	_____ 脚趾甲
_____ 手肘	_____ 耳膜	_____ 乳头
_____ 腿骨	_____ 牙齿	_____ 肚脐
_____ 肺	_____ 膝盖骨	_____ 消化系统
_____ 眼球	_____ 皮肤	_____ 味蕾
_____ 手指	_____ 鼻孔	_____ 生殖器官

不管身体外表如何，请列出自出生以来身体帮到你的至少20种方式。这可能是任何事情，比如能够看到颜色、早上醒来、愈合伤口、从感冒中康复或赢得飞盘锦标赛等。

_____   _____

_____   _____

给身体的一个或多个部位写一封体贴而充满爱意的信,让每个部分都知道你对它一直以来为你做的和会继续为你做的事情有多么感恩。

○	
○	

再试一试

以下的这些人将会被未来的几代人所记住和研究，请你圈出哪些人对社会的贡献与他们的外表有关。

马丁·路德·金	弗洛伦斯·南丁格尔	玛丽·居里
亚伯拉罕·林肯	圣雄甘地	J.K. 罗琳
威廉·莎士比亚	阿梅莉亚·埃尔哈特	托马斯·爱迪生
阿尔伯特·爱因斯坦	纳尔逊·曼德拉	玛雅·安吉洛
特蕾莎修女	埃莉诺·罗斯福	伽利略

请写下你生命中最重要的三个人的名字，并说说他们每个人对你有价值的原因。

_____
_____
_____
_____
_____
_____

然后，询问其中一个人是什么让你对他而言有价值，并将回答记录在这里。

_____
_____
_____

有多少次"外貌"被当作有价值的品质被提到？除了"外貌"之外，还有多少其他品质被提到？

_____
_____

请描述一下，作为一个人，你在一生中想要通过自己独特的才能和优势为地球做出什么贡献（给社会带来积极变化、爱或关心他人、发现治愈疾病的新方法、帮助不幸的人，还是拥有好看的外貌？）。

_____
_____

今日收获

我爱我的身体,因为它可以通过各种令人赞叹的方式让我享受生活。

活动 23　关于评判

你知道吗

人们有时候会互相评判，因为评判能暂时让他们对自己的感觉好一点。贬低你的人可能觉得他们比你好；如果你贬低别人，你可能觉得自己比他们厉害。但这不是真的，自我价值是像真理一样的存在，是独立于任何外界评判之外的。当拥有健康自尊的时候，我们就可以承认：不需要去评判他人，也不需要为他人的评判而烦扰。

阿妮卡和朋友站在她的储物柜旁。当埃弗里走过时，两个女孩翻了个白眼。"你敢信吗？"一个人问道，"她怎么会穿那样的服装来上学？"

"她疯了，"另一个说，"那还用说吗？"

在科学课上，阿妮卡无意中听到一些同学在对某个少数民族做出无礼的评判。他们不仅取笑，还以偏概全，并且批评他们不认识的人。

那天晚上，在一个聚会上，阿妮卡的好朋友艾萨克说她自私，因为阿妮卡说她不会为了艾萨克对他的女朋友撒谎。阿妮卡感到非常沮丧并离开了。当她回到家时，母亲看出她不对劲，询问发生了什么事。

"我好厌倦人们这么负面地互相评判，"阿妮卡说，"我们为什么要这样？我们总是对别人说刻薄和不公的话。"她跟妈妈说了今天遇到的那三件事。

"人们经常会通过评判他人来让自己感觉更好，"妈妈说，"当我们批评别人的长相或生活方式时，在内心深处会认为自己不像他们那么糟糕。或者，有时我们会感受到负面的情绪，然后不公平地把它发泄到另一个人身上。

"当你的朋友和同学以这样的方式交流时，他们可能会觉得自己很优越。艾萨克可能对关于女朋友的问题感到沮丧或内疚，因为他知道自己不应该让你为他撒谎。他是通过批评你来掩盖自己的真实感受，这也是不要把这些评判放在心上的重要原因。评判更多的是关于做出评判的人，而不是被评判的人。"

试一试

评判他人并不能使我们比他们更好；评判不会让我们变成对的，或将他们变成错的；评判也不会让我们的价值更高，让他们的价值更低。所有的评判只是让我们暂时（并且错误地）对自己感觉更好。

用一天的时间，留意从以下几类人中听到的评判性陈述，试着在每个类别中发现并记录至少两条评判性陈述。

家人

_____

_____

朋友

_____

_____

熟人

_____

_____

陌生人

_____

_____

自己

_____

_____

这其中有任何让指责变成真相的评判吗？_____

请你解释以下发言者为什么会做出这些评判。
"她很自大，因为她全在荣誉班上课。她这个人可能很无聊，因为她只会学习。"

_____

_____

_____

"住在那地方的人都很坏，幸亏我不是其中的一员。"

_____

_____

"他真的很帅，但是女生们估计只是在利用他，因为她们都想被看到和帅哥在一起。"

_____

_____

"你也没必要一直心情很好吧？好烦人。"

_____

_____

_____

再试一试

请你试着在不评判别人的情况下度过一天。当你注意到评判性想法时，试着用接纳的想法来代替它。请在下面的横线上描述两个你改变想法的具体例子。

1. _____

_____

_____

2. _____

_____

_____

说一说，放下评判带给你什么感觉，并写在下面的横线上。

_____

_____

_____

请描述最近一个你听到关于自己的负面评判的场景。

你对自己说了什么？你的想法带来了什么感觉？这对自尊有何影响？

今日收获

别人的评判不会改变我的自我价值。

活动 24　掌控社交媒体

你知道吗

使用社交媒体有很多好处，比如保持联系、分享生活体验、获得教育和商业机会，以及发展技术和技能。但是，如果不以健康的方式使用社交媒体，它也会损害我们的自尊。重要的是，要认识到社交媒体对自己的影响，并对如何及何时使用做出明智的选择。

如果不加以注意，人很容易陷入导致自我挫败的社交媒体网络中。了解以下社交媒体陷阱可以帮助你避开可能损害自尊的方面。

不切实际的比较。社交媒体上的帖子可能会损害自尊，因为我们只会看到他人生活中最美好的部分，然后会将它们与自己生活中最糟糕的部分进行比较。这会导致失败、不足感，以及对自己的不满和焦虑感，并且所有这些都会降低自尊。它还促使我们设定不切实际的目标，因为我们想"像他们一样"。而当无法实现这些目标时，我们会感觉更糟。

网络霸凌。网络霸凌是一种利用社交媒体去伤害或以任何其他方式去骚扰他人的行为。具体的例子包括进行网络威胁，发送刻薄或粗鲁的话、推文、帖子或消息，散布谣言或谎言，以及发布或拒绝删除照片、个人信息或视频，从而故意威胁、扰乱他人或使他人难堪。网络霸凌常常会一遍又一遍地重复，使被霸凌者感到愤怒、悲伤、害怕及自我感觉糟糕。

害怕错过（fear of missing out, FOMO）。FOMO是一种焦虑状态，它会损害健康的自尊。它源于我们认为错过了某些东西的念头——要么是别人看似"更好"的生活，要么是聚会或社交活动，甚至只是一些信息。FOMO 让我们更加感觉其他人玩得更开心或生活得更精彩。

试一试

根据上面列出来的问题，想想你自己的社交媒体使用情况。社交媒体是如何影响你的自尊的？请举例说明。

_____

_____

_____

你成为过网络霸凌的受害者吗？那种体验是怎样的？

_____

_____

_____

_____

你在网络上霸凌过别人吗？是什么驱使你那样做的？

_____

_____

_____

_____

你经历过FOMO吗？你有发现自己强迫性地刷手机或电子设备吗？这如何影响了你的自尊？

_____

_____

_____

在接下来的几天里，记录下使用社交媒体之前和之后你的自尊水平，用从1（低自尊）到10（健康自尊）的评分表示，并在下表中记录你的观察结果。如果你需要更多记录表，可以从http://www.newharbinger.com/50003网站下载。

日期	时间	使用时长	社交媒体平台	开始时的自尊水平	结束时的自尊水平

从该表格的信息中，你能了解到什么有关自己的内容？

_____

_____

_____

再试一试

下面的方法既可以帮助你更好地处理社交媒体，也可以帮助你减少使用社交媒体。试试其中一些（或所有）方法，以防止社交媒体损害你的自尊。

重新塑造你对社交媒体帖子的看法。 重要的是，要记住，你看到的照片和动态只讲述了某人故事中的一部分，即他们想要宣传的部分。每个发布很酷的东西的人也有很多不想让别人知道的不那么酷的东西。另外，请记住，人们会使用修图工具，所以你可能会将自己与不真实的东西进行比较。社交媒体展示的不是真实的生活，而是完美的版本，没有人能实现这样的生活。

切断网络霸凌。 如果你收到负面信息，请立即停止进一步动作，不要回应或报复。屏蔽发件人，然后将评论反馈给相关平台，不要再去读那些评论。要知道，快乐、安全的人是不需要霸凌他人的；粗鲁的评论更多表现的是关于发件人的问题而不是你的，所以这些信息不应该被放在心上。保持较高的社交媒体设置水平，以确保你的隐私更安全。与信任的人谈谈自己的经历并分享感受将帮助你从中恢复。

试试JOMO而不是FOMO。 JOMO（joy of missing out）是"错过的喜悦"。这意味着活在当下，享受你正在做的事情，而不是担心别人在做什么；这也意味着充实地过自己的生活，找到能给你带来快乐的东西，并享受当下的生活和自己的体验；这更意味着拥抱生活带给你的礼物，而不是试图过别人的生活。

将手机设置为灰度模式并限制主屏幕的应用程序。 技术专家告诉我们，手机屏幕被特意设计成鲜艳的颜色，就像诱饵一样吸引我们并固着大脑，让我们很难将视线移开或放下手机。关闭不必要的推送通知和分散注意力的应用程序，并且将显示模式更改为灰度模式，以通过降低视觉效果来减少这种吸引力，从而让自己重新掌控电子设备所展示的信息和自己的思想。

帮助大脑停止刷屏。不断刷电子设备所刺激的大脑通路与化学成瘾所刺激的大脑通路相同。但是，做其他事情可以帮助大脑"换挡"。如果你因为感到不知所措、无聊、疲倦或孤独而想要保持网络在线，请有意识地通过朋友、家人、自然、音乐、艺术、锻炼或运动等非媒体资源来为自己寻找现实生活中的解决方法或者转移注意力的方法。

试试社交媒体排毒。每周留出一天、一天的一部分或至少几个小时的时间，让自己远离社交媒体并停止评判自己。你可以去户外、去锻炼、跟朋友见面、和弟弟玩一个简单的游戏、画画、跳舞、烘焙，以及去真正的海边冲浪而不是上网冲浪。用自己的身体和大脑进行互动，平衡数字生活与现实生活，清醒一下头脑并重新获得健康的自尊。

以上方法中，哪一个对你的自尊最有帮助？

哪个最难实施？

你认为继续做哪个会对自己最有利？

在1（低）到10（高）的范围内，说说重塑你对社交媒体的想法有多难？

使用同样的评分等级，说说对你而言，减少使用社交媒体的难度有多大？

请说说你可以做些什么来帮助自己在使用社交媒体的同时切实地保持健康的自尊。

___

今日收获

我要智慧地使用并恰当地处理社交媒体，以保持健康的自尊。

活动 25　如何与人交谈：基本的社交技能

你知道吗

即使不是一位技巧卓越的健谈者，你也可以很自在地与他人交谈或相处。只需使用基本的社交技能就能开始提高你在沟通和互动方面的信心，并且当你意识到自己可以做到这一点时，你就会建立更健康的自尊。

有时，我们认为自己需要一种特殊的品质或极具魅力的个性，才能在与人交谈时感到自在。我们可能会觉得，容易结交朋友的人具有某种吸引人的神奇特质。但是，这些想法反而会在社交场合导致焦虑，尤其是在与新朋友相处时。我们跟自己说，无话可说或者说任何话都会使我们听起来很蠢。我们忘记了自己的内在价值及与其他人的平等；我们忘记了其他人也有弱点和困难，即使我们看不到它们。

你可能已经知道或使用了一些基本的社交技能，只是还没有意识到。比如，在参加第一次学生会会议时，你可能会微笑，向人们打招呼，倾听他人的意见且不打断；询问某人是否可以借一些纸时，你会说"请"和"谢谢"；在走廊里不小心撞到人，你会说"对不起"。你对待别人的方式和你希望自己被他人对待的方式一样。

与他人交谈是一项可以学习的技能，并且与其他所有事情一样，练习得越多，你就会变得越擅长。养成使用以下六项基本社交技能的习惯可以增强信心并帮你建立健康的自尊。

举止良好。良好的举止意味着以礼貌、友好、尊重他人的方式说话和行事，例如说"请""谢谢""对不起"，并且在别人说话时不打断。

记住"AL"。多问（ask）多听（listen）而不是多说。人们很快就会厌倦那些只会不停地谈论自己的人，询问对方的情况并仔细聆听他们的话是你可以送给他们最好的礼物之一。

使用五个"W"来启动对话。如果你不知道要说什么，请从谁（who）、什么（what）、何时（when）、何地（where）或为什么（why）开始。（今年你的数学课上都有谁？你放假时做什么？新电影什么时候上映？你的书包是从哪儿买的？他今天怎么布置这么多作业？）

微笑并保持积极的态度。积极性让我们感觉很好。当你微笑并以积极的态度说话和做事时，人们更喜欢和你在一起。

给予和接受赞美。寻找你喜欢的东西，并让对方知道："我喜欢你的凉鞋""你想得真周到"。当你收到赞美时，微笑并表示感谢。拒绝赞美就像拒绝礼物一样。

记住黄金法则。你希望别人怎样对待你？是带着礼貌、尊重、同情、接纳、善良吗？那也用同样的品质去对待他人吧，这也是别人想要的。

试一试

请说一说，当不得不与他人交谈时，你通常有什么感受，并说明原因。

_____

_____

_____

_____

请说一说，你与他人交谈的能力是如何影响你的自尊的。

_____
_____
_____
_____

练习思考你可以使用上述六项技能向下面这些人问什么或者说什么，请写下两个或更多你可以用于每种情况的开场白。

站在校车站的人

_____
_____
_____
_____

被分配跟你一起做历史课项目的人

_____
_____
_____
_____

储物柜与你的相邻的人

_____

食堂排队时站在你旁边的人

_____

_____

_____

篮球比赛的露天看台上,坐在你旁边的人

_____

_____

_____

再试一试

描述一个你最近所处的场景,在该场景中你可以使用上面列出的社交技能,并说出哪项技能在当时可能最有帮助。

_____

请说说哪项技能对你而言用起来是最容易的及其理由。

请说说哪项技能对你而言用起来是最难的及其理由。

在接下来的几天里，练习使用六项基本社交技能。使用下表（或在http://www.newharbinger.com/5000网站下载空白工作表），并写下你与之交谈的人的姓名、所使用的技能及进展情况。

姓　名	技　能	进展情况

今日收获

我使用基本的社交技能来帮助自己自信地跟别人交谈。

活动 26　自信地沟通

你知道吗

　　自信是一种基于对自己尊重也对他人尊重的沟通方式。当使用自信的沟通方式时，你会建立起健康的自尊，因为你在人际关系和实现目标方面都取得了更恰如其分的成功。

　　有三种主要的沟通方式：被动的、攻击的和自信的。如果有人在你面前插队，你会感到非常生气，并且在脑海中对他们形成了很可怕的想法，但却什么也没说，你就只是在被动地行事。如果你把那个人推倒在地，你就表现得很有攻击性。如果你平静地说："对不起，我排在这个位置。"你就表现得很自信。

　　自信是一种最积极的沟通方式，因为它的目标是尊重自己和他人的权利。当坚定自信地行事时，你对自己的感觉会很好，因为你在与其他人合作的同时，也在为自己挺身而出，并且是在以健康的方式做这件事。你还可以获得更积极的结果，从而建立健康的自尊。例如：

　　　　杰登认为他的论文得分不公平。他的反应是被动地倒在椅子上，对自己、老师和班级产生消极的想法。这让他感到失望、愤怒和悲伤，但成绩并未发生改变。

　　　　艾迪生认为她的论文得分不公平。她反应激烈，用拳头猛击桌子，大声咒骂，然后冲出教室。她被送到院长那里，并被父母禁足。她大喊着每个人是如何对她不好的，感到愤怒、痛苦和怨恨，而她的成绩依旧保持不变。

　　　　阿什认为他的论文得分不公平。他果断地与老师预约了见面时间，老师先听了阿什的想法，然后也解释了她自己如此评分的原因。老师和阿什都觉得对方很好，因为他们都被倾听和尊重了。老师同意了阿什的说法，并将他的成绩提高了5分。

试一试

观察图片里的这些情景并阅读相关的描述。请根据其描述的行为,为每种情景写下"被动""自信"或"攻击性"。

你付了两个冰激凌球的钱,但拿到的甜筒上只有一个冰激凌球。

你大喊"这个地方就是骗人的",然后把甜筒摔在柜台上。

你说:"不好意思,应该是弄错了。我付了两个球的钱,但你只给了我一个。"

你什么也没说,走出门外,感到生气和沮丧。

你在图书馆的兼职工作中只得到一个很普通的评价,但你认为自己工作非常努力和认真。

你咒骂主管,并告诉她你的父母在市政府工作,她可能会因为不公平地评价你而丢掉工作。

你生闷气,认为自己一定是个糟糕的工作者和一无是处的蠢货,差评可能是你应得的。

你联系了主管并问她是否可以稍后与你见面并讨论你所得到的评价。会面中,你解释了你是如何努力而高效地工作的,以及对收到普通的评价感到非常惊讶。

你正在进行一个小组科学项目。小组成员正在讨论每个人要为项目做什么贡献。

你说:"我们来讨论一下各自的优势及如何才能一起做好这个项目吧。我擅长做研究。"

你让别人告诉你应该做什么,当他们让你做你不喜欢也不擅长做的事情的时候,你什么都没说。

你没有问其他人的想法,而是直接告诉组员每个人应该做什么。

你想邀请某个人跳舞,但是你害怕被拒绝。

你走到一个看起来很友好的人面前,说:"你好,你想跳舞吗?"

你靠墙站着,很生气没有人来邀请你跳舞。

你走向一群人,用力拉住一个人的胳膊,然后说:"来,跟我跳舞。"

再试一试

请说说你最常见的状态是被动、自信,还是攻击性的。

请描述一下你在被动状态时可能错过的任何东西。

请说说上述情景时,你可以做些什么来变得自信。

请说说你可能因为咄咄逼人而伤害到的任何人。

请说说上述情景时,你可以做些什么来变得自信。

请解释一下为什么自信对你来说可能很困难。

_____
_____
_____
_____

请说说学习自信如何能帮助你拥有更健康的自尊。

_____
_____
_____
_____

在接下来的几天里,寻找机会练习自信。如果你不确定在某些情况下自信的行为会是什么样的,去问问心理咨询师或其他成年人的意见。请说说当你试图变得自信时都发生了什么,并写在下面的横线上。

_____
_____
_____
_____

今日收获

我通过自信的行为来建立积极的关系,获得成功的结果,从而建立健康的自尊。

活动 27　不要把所有的事情都当作是针对自己的

你知道吗

每个人都有影响其与他人互动方式的想法、感受和体验。因为我们并不总是知道某人当前的状态是如何影响其言行的，因此我们可能会误解他们。我们可能会把实际上与我们无关的事情当成是针对自己的，而这会影响我们的自尊。

健康的自尊意味着你知道其他人的想法和行为并不总是与你相关。例如，如果表妹不评论你的新发型，这并不一定意味着她不喜欢它，而可能只是因为她刚刚与父母发生了争吵而分心。或者，如果朋友不邀请你看电影，那并不一定意味着他生你的气，而可能只是因为他想独处一段时间。

这个概念反过来也适用。如果你因为担心祖父的病而忘记要在商场与朋友见面，那这并不是针对他们，而是因为家庭问题遮蔽了你的社交生活。朋友也不应该把它当作是针对自己，或认为你在生他们的气。

试一试

当索菲亚给艾莎发短信而艾莎没有马上回复她时，索菲亚开始想知道是不是发生了什么。她告诉自己，艾莎生她的气了或者想躲开她。她想知道艾莎是不是不想再和她做朋友了，并担心艾莎会告诉别人索菲亚既没意思也不关心人。索菲亚的自尊受到来自想法的负面影响。

请你列出艾莎可能没有立即回复索菲亚的其他原因。

_____

_____

在这种情况下,索菲亚能跟自己说点什么,从而让她对自己的感觉没有那么糟糕?

_____

_____

除了担心艾莎生自己的气,索菲亚还能做点什么?

_____

_____

当瑞亚给艾莎留言时,艾莎没有立即给她回电话,瑞亚没有觉得是自己的问题或产生担心。她告诉自己,艾莎可能很忙,她有时间会回来找她的。瑞亚会继续正常生活,且自尊心保持不变。

你认为你的反应通常是更像索菲亚,还是更像瑞亚?

_____

再试一试

请描述最近发生的一件你觉得是在针对自己并让自尊下降的事情。

_____

_____

根据以上描述的事件,请你回答以下问题:

我确定这是针对我个人的评论或行为吗?

我有什么证据证明这是针对我的?

还有什么其他(至少两个)原因表明当时别人说的话或做的事不是针对你的吗?

如果我去问另外两个人,他们会认为这件事是针对我的吗?

有其他人我能再问问的吗?

我愿意去询问说那些话或做那些事的人吗？

在http://www.newharbinger.com/50003，你可以下载和打印本练习的电子版。在接下来的两周内，当有人做了或说了一些你觉得针对自己的事情并且你感到自尊再次下降时，重复这个练习并将答案记录在你打印的工作表上。

重要提示： 即使你永远无法明确某人的言语或行为的含义，阅读这个问题列表仍有利于你打破将所有事情都归结于自己的自动思维习惯，并帮助你保持健康的自尊。

今日收获

在将别人的言行当作是针对自己的之前，我会先检查一下，
因为我知道它们并不总是关于我的。

活动 28　没有人能被所有人喜欢

你知道吗

有时，我们把自己的价值建立在有多少人喜欢我们上。这可能是有多少人想在生活中与我们建立联系，或者我们在社交媒体上获得了多少个"赞"。无论哪种情况，这种计算方法最终都会损害自尊，因为总会有人不想和我们成为朋友。这不是因为我们有什么问题，而是因为"被所有人喜欢"本身就是一个不可能达到的标准。

当你认为只有在被每个人都喜欢的情况下你才是足够好的时候，你就将自我价值建立在了一个错误的信念之上。正如我们已经知道的，每个人都有无条件的内在价值。而且现实就是，人是不可能被所有人都喜欢的。即使你试图满足别人想要的所有东西，也会有人不喜欢你的做法！你自己可能也不是遇到的每一个人都喜欢的，但这并不意味着他们有问题，而只是因为你们合不来。这不会影响他们作为人的价值，如果有人不喜欢你，也不会影响你的价值。

试图让每个人都喜欢你是一个无法实现的目标。这让你在永无止境的跑步机上奔跑，只会让你筋疲力尽，否认真实的自我。只要你为此努力，你就永远不会对自己产生良好的感觉。更明智、更现实的观点是去理解不被所有人喜欢是很正常且没关系的。这种观点可以建立健康的自尊，进而使你成为一个更被人喜欢的人！

试一试

请在下表中填写你最喜欢和最不喜欢的颜色、食物、衣服及活动。

	最喜欢	最不喜欢
颜色		
食物		
衣服		
活动		

成为上表里"最喜欢"的，是否让它在这个世界上更有价值？

成为上表里"最不喜欢"的，是否让它在这个世界的价值减少？

下面是《哈利·波特与火焰杯》中阿不思·邓布利多的演讲，请说说你觉得作者J.K. 罗琳在写下以下文字时想表达什么：

"说真的，海格，如果你坚持要获得所有人的欢迎，恐怕你会在这间小屋里待很长时间，"邓布利多说，并透过他那半月形的眼镜严厉地凝视着，"自从我成为这所学校的校长以来，每周都至少有一只猫头鹰来抱怨我的办学方式。但是我该怎么办？把自己关在书房里，拒绝跟任何人说话？"

再试一试

请在下表中写下你一直担心会不喜欢你的人的名字。以1（低）到10（高）的等级为每个人标出你认为"他们喜欢你"的重要性，然后说说如果他喜欢你，生活会发生什么改变。

名　字	"他（她）喜欢我"对于我有多重要	如果他（她）喜欢我，我的生活会发生什么变化

请列出如果他（她）永远没有喜欢你，但生活中仍然会很美好的事物。

_____

_____

_____

请有意识地做出一个决定，不再纠结他（她）是否喜欢你，继续过自己的生活，并把这个决定写下来。

_____

_____

_____

_____

_____

下次你再见到这些人时,请微笑并在心里默默祝他(她)安好,然后转而关注你现有的朋友,并建立健康的自尊。

今日收获

对于任何人来说,被所有人喜欢都是不可能的!
我认清这个现实,并放下这个不可能完成的目标。

活动 29　同辈压力

你知道吗

当朋友试图说服你去用某种方式思考、感受或者行事的时候,这就叫做同辈压力。人们这么做是为了对自己感觉更好。当人们拥有健康自尊的时候,他们不需要去向别人施加压力,也不需要屈服于同辈压力。

当学校里的一些同学得知艾登的父母周末不在家时,他们催他办一个派对。艾登的姐姐布鲁克本应该"照看"他,但却要上夜班。艾登从未利用过家人,也不想失去他们的信任。然而,所有人都告诉他不用担心,他们说他的父母永远不会知道。

艾登不知道该怎么办。一些从不跟他说话的受欢迎的同学让他邀请他们。随着消息传开,甚至他不认识的同学也在询问派对的事情。有这么多人关注他的感觉真好。

艾登跟他最好的朋友马泰斯和安娜聊了这件事。马泰斯说:"不要让别人逼你,做你真正想做的事。"这就是问题所在:艾登真的希望所有的同学都继续喜欢他,但是他也想让父母继续信任他。每个人都一直在说他的父母永远不会发现的,所以也许没关系。"不管怎样,我都是你的朋友,"安娜说,"做你想做的。"

试一试

请谈谈你认为艾登应该怎么做及其理由。

_____
_____
_____

如果艾登开了派对,那天晚上谁会是他的朋友?

_____

如果艾登没有开派对,那天晚上谁会是他的朋友?

_____

如果艾登开了派对,两周以后谁会是他的朋友?

_____

如果艾登没有开派对,两周以后谁会是他的朋友?

_____

请说说你觉得这个故事里谁有着健康的自尊及其理由。

_____
_____
_____

再试一试

请圈出以下任何你迫于压力要去做的事情，并勾选任何你向别人施加压力去做的事情（对于某些选项，你可能同时画圈和打钩）。

_____	八卦	_____	以某种方式穿衣打扮
_____	抽烟或吸电子烟	_____	喜欢或不喜欢某些人
_____	喝酒	_____	看某些节目或电影
_____	加入某个社团	_____	上某些课
_____	吸毒	_____	做某种发型
_____	偷东西	_____	听某种音乐
_____	塑造某种体型	_____	采取某种性行为
_____	信某个宗教	_____	文身或穿孔
_____	做某种运动	_____	不恰当地使用社交媒体

请描述一个你圈出来的情景。在这个情景中，自尊的健康程度如何？

请描述一个你勾选的情景。在这个情景中，自尊的健康程度如何？

当你感觉很难为自己挺身而出的时候，来自他人的同辈压力就会起作用。想象一下，你正面临一个自己实际遇到过的同辈压力的情景。如果这件事再次发生，请选择你这次会说的话，或者在横线上写下你自己的表达。

"不用了，谢谢，那不适合我。"　　　　"不，我不想。"

"不了，谢谢。"　　　　　　　　　　　"不了，谢谢，我不喜欢那个。"

"不用了，谢谢，我就算了。"　　　　　_____

"不了，我不做这个。"　　　　　　　　_____

"不，我还是算了。"　　　　　　　　　_____

"不了，谢谢，这不是我的风格。"　　　_____

今日收获

我有对抗同辈压力的力量，我来决定什么适合自己。

活动 30　设立健康的边界

你知道吗

在关系中设立健康的边界意味着限制任何类型的虐待行为，包括身体、情感、语言、性、财务、网络上的虐待或有意骚扰。与他人设立适当的边界能帮助保护和尊重自己，并有利于建立健康的自尊。

尽管德斯蒂妮要求萨曼莎不要这样做，但萨曼莎还是继续在背后议论并分享她的个人信息时，德斯蒂妮感到愤怒和受伤。她不想失去与萨曼莎的友谊，但她更不喜欢被背叛。她不再和萨曼莎做朋友了，因为她知道自己可以找到一个忠诚并尊重她的朋友。

凯莉觉得和丹尼尔约会很酷，因为他很受欢迎。但是，凯莉不喜欢他强迫她尝试不想使用的毒品，而且如果她不遵从，丹尼尔会变得粗鲁和恶劣。凯莉感到很矛盾，可她还是跟丹尼尔分手了，因为她拒绝不被尊重。她知道如果自己不分手，她对自己的感觉会更糟。

试一试

以下这些行为可以帮助你设立健康的边界。请你在空白行加上自己的想法。

为自己说话。

对让你不舒服的行为说不。

要求他人改变某种行为。

限制你与某人进行的活动类型。

与利用你的人保持距离。

在电子设备或社交媒体上屏蔽某人。

离开对你有威胁或有害的关系。

告诉别人另一个人是如何对待你的。

限制你与某人相处的时间。

请说说你是如何使用这些行为去设立健康边界的。

你认为还可以试试什么行为去帮助自己设立健康边界呢?

想到与他人设立边界，你有怎样的感受？

___

___

对你而言，设立边界最简单的部分是什么？

___

___

___

对你而言，设立边界最难的部分是什么？

___

___

___

你认为设立边界会如何影响自尊？

___

___

___

再试一试

请把你的名字写在下面圆圈的中间,在你的名字和圆圈的边界之间留5～7厘米的空间。想象这个圆圈是你保护性的健康边界。在圆圈内,写下尊重你的人的名字。在圈外,写下任何不尊重你的人的名字和你需要设立边界的人的名字。

请说说圆圈外的人是如何不恰当地对待你,以及为什么你需要对他们设立边界。

_____

_____

_____

请写下关于如何对这些人设立边界的想法，你可以使用上一个练习中的主意，也可以针对具体情况添加更多想法。

向自己承诺下周会采取行动来设立边界，并写下这个承诺。

当你设立了健康边界以后，请描述一下这种体验。

行动起来对你的自尊有怎样的影响？

今日收获

我与他人设立健康的边界，并且不会在受到虐待或不尊重的情况下仍继续维持关系。

活动 31　拥有健康自尊的外表

你知道吗

当你自我感觉良好的时候，会在身体上表现出来。你会坐得或站得更直，微笑更多，看起来压力更小并且行动会更自信。即使在你不是完全有信心的时候，拥有健康自尊的外表可以帮助你感受到它。这种形象会传递出你很愉快、开放并愿意与人交往的社交信号。你的形象是欢迎别人的，并且人们会被你的快乐和积极所吸引。

因为父亲在部队，迪伦一家经常搬家。每当去到一所新学校时，迪伦时常感到紧张。他想知道人们会对他有什么反应，他会不会交到朋友，那边的新同学又会是什么样子的。从那么多次的重新开始中，迪伦认识到，如果外表和行为都充满自信，他就会感觉更加自信。所以，在第一天，迪伦总是穿着最喜欢的牛仔裤和一件合身的舒适T恤。为了缓解焦虑，他会在上学前锻炼身体。他会好好地吃顿早饭，这样胃就不会咕咕叫了。在进入教学楼之前，他会在心里肯定自己是个友善的人，并且会在那天遇到其他友善的人。他努力做到昂首阔步并面带微笑。这需要一些专注力和精力，但这个方法对于迪伦总是奏效的。当他表现得像有健康自尊的时候，他的内心也有同样的感受。

试一试

以下这些特质是建立健康自尊的人所普遍拥有的。展现出这些特质可以让你看上去和感觉上去更加积极和自信。

请根据你认为自己已经表现出这些特质的程度,从1(低)到10(高),给每个特质打分,并圈出你想要提高的特质。

干净的衣服 _____　　　　坦率的脸 _____

干净的身体 _____　　　　跟别人说话时看着对方的眼睛 _____

积极的态度 _____　　　　好的身体仪态 _____

微笑 _____　　　　语言表达清晰 _____

快乐的笑脸 _____　　　　轻松和稳定的个性 _____

请列出你知道的三位拥有健康自尊的人的名字,并说说他们表现出了上述哪些特质。

_____

_____

_____

你还看到了哪些让他们看起来更自信的特质?

_____

_____

_____

再试一试

  选择本周的某一天进行一项试验。当早上醒来时,想象你已经拥有了坚实、健康的自尊,然后在这一天的剩余时间里以此为前提行事。你对自己和人际关系充满信心,你很高兴活着,并且喜欢真实的自我,用这种态度度过这一天的所有情景。设定一个目标:无论在什么情况下,无论在什么人面前,你都会表现得好像你已经拥有了想要的健康自尊。你会从眼神和微笑中、从走路和说话的方式里表现出来。今天,你会感受到真正接纳自己的平静和快乐,无论发现的是自己的优点,还是缺点。试着在一天中保持这种态度和行为。请记住,如果你犯错了,也没关系!如果发生这种情况,请注意到它,并回到正轨。

  在试验结束后,请你在下面的横线上描述一下这样做的感觉。

_____

_____

_____

_____

你什么时候感觉最舒服?

_____

_____

你什么时候感觉最不舒服?

_____

_____

关于这个试验，你最喜欢的是什么？

_____

_____

关于这个试验，你最不喜欢的是什么？

_____

_____

请说说这个试验让你的自尊提升的任何方式，也说说它让你的自尊下降的任何方式。

_____

_____

_____

_____

_____

_____

_____

今日收获

看起来和表现得自信且友好，会有助于我感觉到自信和友好。

活动 32　管理感受的力量

你知道吗

所有的感受都是可以的，只是你为应对这些感受所做的事会帮助或伤害到你。当你意识到自己的感受时，可以学习以一种健康的方式来管理它们。

尼基坐不住了。她心里忐忑不安，在健康课上很难集中注意力。健康课老师埃尔斯伯里女士问她怎么了。尼基没有回答，但她的眼里充满了泪水。她觉得不好意思，并移开了视线。

"怎么回事？"埃尔斯伯里女士在办公室里问她。

"我不想谈这件事。"尼基说。

"如果我们不释放情绪，它们实际上会变得更大。"埃尔斯伯里女士说。

"好吧，我不想要这样。"尼基告诉埃尔斯伯里女士，她母亲在医院里，父亲每天晚上都去医院，而她则要照顾妹妹们。尼基很担心母亲，无法集中注意力，也跟不上家庭作业的进度。

"听到这个消息我很难过，"埃尔斯伯里女士说，"对你来说最难的是什么？""我担心母亲的病不会好转，"尼基说，"但如果我让自己感受到那种恐惧，我可能会哭个不停。"

"当我们害怕感受时，我们倾向于把它们推开，"埃尔斯伯里女士说，"但它们不会消失，只是暂时隐藏起来；当它们重新出现时，则会更加强大。让我们来看看管理情绪的计划。"埃尔斯伯里女士给了尼基以下讲义，并与她一起阅读。

管理感受的四步计划

1. 为感受命名。它是什么？悲伤、愤怒、喜悦、同情、失望、尴尬、厌恶、羞耻、爱？
2. 接纳感受。体验到自己的感受总是好的！提醒自己这一点。小声地对自己说或大声说出来："感觉到_____是可以的。"
3. 表达感受。表达感受是释放它的唯一方法。更重要的是，要以一种不会伤害自己或其他人的方式来表达它。写作、说话、运动、放松、哭泣、唱歌及绘画都是表达感受的安全方式。
4. 以健康的方式照顾好自己。你现在需要什么来照顾自己？拥抱、小睡、淋浴、散步、朋友、聚会、关注、同情？当下你需要什么，就给自己什么。

"我以前从未想过如何处理感受。"尼基说。

"没关系，"埃尔斯伯里女士说，"这是你可以学习的东西，就像你学习加法、拼写和系鞋带一样。管理感受是我们要学的最重要的技能之一。它直接影响我们在生活各个方面的成功和幸福。当我们对管理感受充满信心时，我们也会拥有更健康的自尊。"

试一试

为了熟悉自己的感受，请把下面的表格打印出足够一周用的副本，你可以在 http://www.newharbinger.com/50003 网站下载。然后，开始关注你在这几天的感受，并记录你所观察到的。下面的清单可以帮助你确定自己的感受，你还可以添加你所感受到的其他感受。请记住，有任何感受都是可以的，但表达感受不应该伤害到你或其他人。

被抛弃	失望	被背叛
满足	勇敢	受挫
有爱	焦虑	忧虑
紧张	孤独	激动
震惊	激怒	羞愧
内疚	嫉妒	释然
兴奋	平和	放松
快乐	担心	抑郁
尴尬	生气	_____
疑惑	伤心	_____
惊喜	害怕	_____

一天	我感受到	我注意到身体的哪里有这种感觉	我如何表达它
上午			
下午			
晚上			

再试一试

当有意识地操纵或处理自己的感受时，你正是在掌控它们。请尝试以下任何或所有方法来处理你的感受，可以使用空白行添加你自己的想法，并花一些时间来完成。

在你尝试每项活动后，请评价它对你的效果［从1（无效）到10（非常有效）］，在活动描述旁写下评分。

确定自己的感受后：

  _____ 大声说出你的感受："我现在感觉_____。"

  _____ 写一段或更多关于感受的内容。

  _____ 把感受描述给你信任的人。

  _____ 不用文字，而用颜色、线条、纹理或表格在纸上表达感受。

  _____ 如果符合你的感受，请大声哭出来。

  _____ 给让你有这种感受的人写一封信，但不要寄出。

  _____ 写下或画出你的感受，然后将它放入碎纸机。

  _____ 写下或画出你的感受，然后把它裱起来。

  _____ 写下或画出你的感受，然后把它交给别人。

  _____ 写下或画出你的感受，然后撕掉。

  _____ 写下或画出你的感受，然后把它揉成一团扔掉。

  _____ 在卫生纸上写下或画出你的感受，然后冲掉。

_____ 进行一些安全的体育锻炼，比如散步、游泳或伸展运动，来释放感受的能量。

_____ 唱出你的感受。

_____ 通过乐器演奏出你的感受。

_____ _____

_____ _____

_____ _____

_____ _____

_____ _____

今日收获

我有任何感受都是可以的，我要用健康的方式管理它们。

活动 33　容忍不适

你知道吗

如果你认为不适是消极的，你便会试图躲避它，并错失它的潜在好处。如果你能从积极的角度看待不适，你就能超越它，并把它作为一个强大的用来发展自我意识和内在力量的工具，从而实现目标。这反过来也会建立健康的自尊。

贾达感到不舒服，因为其他人都为安东尼的派对盛装打扮，而她还穿着破洞牛仔裤。她很想偷偷溜出后门，但又并不是真想这样做，因为她已经期待这个派对好几个星期了。贾达意识到她的不适是因为害怕被拒绝或被取笑。她决定记住，穿什么并不重要，因为真正的朋友不会在意。几个孩子友好地打趣她，她和他们一起笑。最后，到了晚上，她证明了自己是对的，即真正的朋友并不在意她的穿着。她对自己感觉很好，因为她能忍受自己的不适。

耶利米在足球选拔赛中感到不舒服，因为似乎其他人的表现都比他好得多。他改变了想要参加选拔的想法，并乘坐当晚的巴士回了家。他回到自己的房间，试着做作业，但却一直在想他有多渴望加入队伍，以及当人们问他发生了什么事时，他会感到多么尴尬。耶利米觉得他的自尊一落千丈。

当成为朋友后，米娅对"信任伊芙琳"感到不安。米娅之前因为被朋友背叛而受到过伤害。她告诉自己不会再和任何人亲近了，但是伊芙琳太好了，她们有很多共同点，在一起玩得很开心。一方面，米娅不想再见到伊芙琳，这样不适感就会消失，她会再次感到安全；另一方面，她想要忍受这种不适，并希望伊芙琳不会背叛她。她不知道该怎么办。

大卫在一次比赛中赢得了一张免费的音乐会门票。当收到票时，他发现自己可以得到第2张免费票，但他必须开车到竞技场并排长队，而这大约需要1个小时。大卫想要第2张票，这样他就可以带一个朋友去听音乐会，但他会因为要开很久车，以及和不认识的人排这么长时间且无聊的队伍而感到不舒服。他无法决定是否应该去拿第2张票。

试一试

假设你处在贾达的情景中，请圈出最符合你不适程度的描述，然后说说如果你是她，你会怎么做。

非常低　　　低　　　中　　　高　　　非常高

假设你处在耶利米的情景中，请圈出最符合你不适程度的描述，然后说说如果你是他，你会怎么做。

非常低　　　低　　　中　　　高　　　非常高

假设你处在米娅的情景中，请圈出最符合你不适程度的描述，然后说说如果你是她，你会怎么做。

非常低　　　　　低　　　　　中　　　　　高　　　　　非常高

_____

_____

假设你处在大卫的情景中，请圈出最符合你不适程度的描述，然后说说如果你是他，你会怎么做。

非常低　　　　　低　　　　　中　　　　　高　　　　　非常高

_____

_____

再试一试

请在每个描述旁边用数字1（低）到10（高）来表示你在那种情况下不适感的强烈程度，然后请写下你可以从容忍不适中获得什么。

_____ 你在通过举重来增强肌肉力量，但锻炼到一半你就感到无聊了。

容忍继续锻炼所带来的不适感的好处：_____

_____

_____ 你在帮邻居照看孩子，他们打电话问你能不能多照看2个小时。他们付的薪水很高，你也需要钱，但你已经迫不及待想要离开并去见朋友了。

容忍留下来的不适感的好处：_____

_____　你的约会对象目前为止还很好且很有趣，但他提议去看一部你不能忍受的电视剧。

忍受看电视剧的不适感的好处：_____

_____　周五晚上你在家，感到孤独。几个朋友打电话给你，叫你去做一些有趣但会让你陷入麻烦的事情。

容忍孤独所带来的不适感的好处：_____

_____　父母又吵架了。你感到沮丧，想要离家出走，而且觉得这似乎是唯一的答案。

忍受留下来的不适感的好处：_____

_____　为了毕业，你需要重修一门之前没通过的课。你讨厌这门课，也和老师相处得不好。

忍受重修课程的不适感的好处：_____

请圈出你曾经因忍受不适而获得了某些东西的情景,然后写下当时发生了什么。

学会了走路	为考试而复习
去参加社交活动	帮助了某个需要帮助的人
起得比想象的早	向人求助
完成了一个无聊的任务	尝试一项新的活动
和新人交谈	去补牙
承认自己是错的	面对了恐惧

我的故事: _____

_____
_____
_____
_____

请描述你目前生活中的一项挑战,这项挑战中你必须决定是否要容忍不适,并写下如果容忍不适,你可以获得什么好处。

_____
_____
_____
_____

今日收获

我可以容忍不适,并从中有所收获。

活动 34　内心平和的力量

你知道吗

当平和地思考与行动时，我们就会将平和带给自己，带给我们的关系、目标与活动。以平和的心态行事有助于创造成功和塑造健康的自尊。

当感到压力时，我们会给每段关系、经历、情况及挑战带来压力。以压力作为起点意味着我们甚至在开始之前就感到疲倦和气馁。

当处于平和状态时，我们会给一切带来平和。我们尝试的任何事情，当从平和中接近时，都会更容易实现。内心的平静有助于我们清晰地思考并做出积极的选择。我们对自己和他人都会更有耐心，我们为所有人及每种状况都带来平和。

许多人认为内心的平静是必须"得到"的东西，但实际上我们已经把它随身携带了。据说，当著名艺术家米开朗基罗被问到他是如何用一块坚固的大理石创造出强有力的大卫雕像时，他回答说他没有创造，大卫已经在石头里了，他所做的只是将多余的岩石凿掉并将他挖掘出来。

就像在石头内核中的大卫一样，我们的内核是平和。它可能被消极的想法所掩盖，但如果我们消除消极的想法，我们就会找到被掩盖的平和。当以平和的内核为中心时，我们所说和所做的一切都将来自平静。无论外部环境如何，当我们与内心深处的宁静重新建立联系时，我们就会获得平静并成功建立健康的自尊。

试一试

请描述一个你感到非常平和的时刻,并说说是什么帮助你达到了这种平和?

_____
_____
_____
_____

请描述一个你感到非常焦虑的时刻,并说说是什么把你带入了那种状态?

_____
_____
_____
_____

对于你自己,是在平和的时候感觉更好,还是在焦虑的时候感觉更好?

_____

内心平和的程度是如何影响你做出明智的选择、积极地思考,以及在所做的事件中取得成功的?

_____
_____
_____
_____

请勾选出以下任何你曾经用以获得内心深处平静的方法,并圈出你想要尝试的方法,也可以在空白处写下属于你自己的方法。

呼吸法	散步
正念(立足于当下)	其他锻炼方式
冥想	听平和的音乐
接纳境遇和他人	投入大自然
信仰一种更高级的力量	泡澡或淋浴
进行舒缓的活动	抚摸动物
在心中清晰地呈现(可视化)	演奏乐器
积极思考	为了乐趣而阅读
写日记	_____
涂色	_____

再试一试

承诺在今天或明天做上述活动中的一项。请你在这里记录切实可行的时间规划,以保证你顺利地坚持下去。

当你做这件事时,让自己享受平静和放松的感觉,专注于让身心保持平静,并确认你正在释放消极情绪,从而找到内心的平和。

在尝试过程中,最难的部分是什么?

在尝试过程中，最简单的部分是什么？

_____

请你写下一些切实可行的短期和长期目标，以使用舒缓的技巧来通向内心的平和。例如，你可以从每周1次开始，然后逐渐增加至每周3次，再到5次。

_____

_____

_____

_____

_____

_____

_____

你认为哪个技巧最适用于自己？

_____

_____

哪些技巧你一点都不感兴趣？

_____

_____

在做出重要决定或面对挑战前，尝试一项舒缓的活动，并描述一下会发生什么。

_____

_____

_____

_____

_____

_____

请记住，如果你尝试的第一项活动不成功，可以尝试另一项。或者，你也可以每天换一种。你越多地练习增加平和感，就会变得越平静，还会获得更多的成功，建立健康的自尊。

今日收获

我练习找到内心的平静，以建立健康的自尊。

活动 35　有益或阻碍健康自尊的思维习惯

你知道吗

某些思维习惯会让我们对包括自己在内的一切事物感到消极。而另一些思维习惯则更有可能让我们对生活和自己产生积极的感受。使用积极的思维习惯可以保持健康的自尊。

你可以使用缩写"ABOP"来帮助自己记住四种会有益或阻碍健康自尊的思维习惯。

A = 全有或全无的思维（all-or-nothing thinking）

全有或全无的思维是一种以极端或非黑即白的方式来判断事物的倾向。这是一种非理性的思维，因为在现实中，事物永远不会是完全这样或完全那样的。以这种方式看待你自己会**阻碍**健康的自尊。例如，你可能会非理性地认为如果你没有达到完美（完美本身是不可能的），你就是一个失败者。

马特奥经常是每场球赛进球最多的人。他认为自己是个出色的球员。但如果他错失了一个球，他就会想："现在我是一个完全的失败者。"当他尝试帮母亲清洗楼上的窗户时，梯子剐蹭到了房子的一侧。马特奥告诉自己："我作为儿子一文不值。"这种全有或全无的思维方式让马特奥的自尊在每次犯错时都一落千丈。

B = 大局观（bigger picture）

有时人们过于关注一件事中的一两个小细节，而忽略了大局或这些细节所在的整体背景情况。聚焦于一件事情的一个小的负性方面可能会损伤自尊。更健康的思维习惯是着眼于大局，或者意识到细节永远只是更大的整体的一部分，而与整体相比，它的重要性要小得多。这种思维习惯会更**有助于**健康的自尊。

莎拉是学校音乐剧合唱团里的一员。她喜欢戏剧并且是一名优秀的舞者。但在首演当晚，她转错了方向，撞到了另外一位合唱团成员，导致两人都摔倒了。他们当时在舞台后面，并且几乎没有人能注意到，但是莎拉感觉很糟糕。她在脑海中反复重播了那个场面好几个小时，自尊一落千丈，甚至考虑要退出剧团。"这只是一个小失误！"导演告诉她："不要再只关注一个瑕疵了，要放眼全局。你出色地完成了之后的所有表演，你是这部剧的宝贵人才！"

O = 过度概括（overgeneralization）

当人们过度概括时，会假设过去有过一次的负面经历使得他们在未来也会有同样的情况，尽管没有证据可以证明这一点。这种假设是不合理的，并且会**阻碍**健康的自尊。过度概括的人通常会使用"总是""从不""没有人""所有人""全有"及"全无"这样的词语。

当劳伦邀请喜欢的人去参加学校的舞会时，他们说了"不"。她想："没有人想和我约会，我总是被拒绝。"每当劳伦和吸引她的人在一起时，自尊心都会受折磨。她可以更理性地思考："仅一个人拒绝了我并不意味着其他所有人都会拒绝我。"

P = 积极性（positivity）

当事情出错时，大脑很容易抓住消极的想法。但我们让消极想法停留在脑中越久，就越难再次感觉良好。一个消极的想法会导致另一个，然后对自我的感觉开始螺旋式下降。我们越早将思想从消极拉入积极中，就能越早开始对自己感觉更好。关注积极的一面**有助于**健康的自尊。

哈洛经常让思想陷入消极的状态，而且往往是关于他自己的。有一天，姑姑给他发来了一份积极肯定的录音。他意识到，这些想法与他对自己感到沮丧时的想法完全相反。他开始定期听取肯定，并在镜子上也贴了一些肯定的话语。他接受的积极想法越多，陷入低自尊的恶性循环就越少。

试一试

下面这些孩子的思维习惯会阻碍健康的自尊。请你找出每个人正在用什么思维习惯，然后说说他可以如何改变，从而使他（她）对自己的感觉变得更好。

弗朗西斯科正在努力准备摔跤赛季。他定期举重，少吃垃圾食品，多吃水果和蔬菜，并且喝蛋白质奶昔。他感觉自己比以前更强壮且专注了。有一天，他和朋友们一起吃了一大份冰激凌圣代，而在第二天锻炼情况很差。"我在锻炼和自律方面好差，"他告诉自己，"我还不如现在就放弃！"

_____

_____

_____

伊森很紧张，因为他是历史课上要第一个做口头演讲的人。尽管他在这门课中已经至少可以拿到良好的成绩、准备得很充分、有很好的视觉辅助设备，并且和老师的关系也很好，但是伊森的自尊仍然在下降，因为他觉得第一个演讲会让他失误。

　　贝利在学校餐厅把午餐托盘掉到了地上，而这之前从未发生过，那时她告诉自己："明白了，我就是个笨蛋。我总是在制造事故。"她第一次帮忙照顾小孩时，宝宝耳朵疼并哭个不停。贝利告诉自己："我永远无法和孩子好好相处。我会是个糟糕的妈妈。"这样想的时候，贝利的自尊很低。

亚莉克莎早上一醒来就会想到自己的西班牙语学得有多差，她害怕去学校面对这门课。她穿好衣服并担心衣服有点过时，还觉得自己看上去很蠢。她查看自己的社交媒体，发现朋友坦尼亚有了新男朋友，便想到自己一整年没有约会过了。亚莉克莎就这样以低自尊开始了她的一天。

再试一试

在接下来的几天里，注意你的思维习惯，并记录下所使用的属于ABOP类别的想法和语言。在http://www.newharbinger.com/50003，你可以找到并下载本练习空白表格。

全有或全无的思维 _____

_____

大局观 _____

_____

过度概括 _____

_____

_____

积极性 _____

_____

_____

你最常用的有助于健康自尊的思维习惯是什么?

_____

_____

你最常用的阻碍健康自尊的思维习惯是什么?

_____

_____

在帮助自己建立健康的自尊方面,你发现了什么规律(何时、何地、何种情况下)?

_____

_____

在阻碍自己建立健康的自尊方面,你发现了什么规律(何时、何地、何种情况下)?

_____

_____

你最想改善的思维习惯是什么?

_____

_____

写下一些帮助你提升自尊的话。

_____

_____

_____

今日收获

我选择那些有助于而不是阻碍我健康自尊的思维习惯。

活动 36 接纳犯错

你知道吗

每个人都是不完美的,包括你自己。完美是不可能的,而你就像其他任何人一样,注定会犯错。只要活着,你就会继续犯错,而这与你的价值无关。

当杰克听到哨声时,他真希望自己能从体育馆的地板上消失。他错失了最后一球,让球队输掉了分区赛,让全校都输了,让全城都输了!他走出球场,走进更衣室,希望在有人找到他之前离开。

当其他队员进来时,他们拍了拍杰克的背,祝贺他打得很好。"别担心,我们还有明年。"一位队友对他说。但他能感觉到他们的失望,也恨自己让他们失望了。他拿起健身包,没有洗澡,也没换衣服,他只想赶紧离开。

他听到安德森教练喊道:"嘿,杰克,我们谈谈吧。"教练搂着杰克的肩膀,带他走向停车场。两人上了教练的车。

"我真的不想说话,"杰克说,"我已经感觉够糟了。"

"那就听我说。"教练为杰克讲了一个故事。在大学的时候,他有一次在季后赛中在同样的投篮上失了分,他感觉自己再也无法面对球队了。

"你?"杰克问。"但你是个了不起的球员,一个了不起的教练!"

"我们都有搞砸的时候,犯错是人类的一部分。你注意过每个电脑键盘都有一个删除键吗?不是只有某些人的电脑上才有这个键的。每个人的键盘上都有,因为每个人都会犯错。

"如果你选择将每个错误视为生活中正常的一部分，视为学习和成长的机会，你就会自然而然地将其转化为积极的东西。据说，当托马斯·爱迪生尝试900多次去制造一个能亮的灯泡时，有人问他对自己的失败有何感想。爱迪生说：'我没有失败，我只是找到了899种制造不出灯泡的方法。'"

试一试

在另一张纸上，记录下人类所犯的错误。或许是弟弟在跑步时会绊倒，或许是爸爸洒了咖啡，又或许是你看到了一场车祸。人犯的错误是无穷无尽的。看看写出100个错误需要多长时间，其中包括你自己的错误。

再试一试

要改变对自己的感觉,就要先改变你的想法。首先,请列出你犯错时脑海中所有的消极想法。

_____

_____

_____

现在,划掉这些话,并写下新的、积极的想法,这将帮助你接受自己的不完美,让你对自己的感觉更好。

_____

_____

_____

请你想想最近犯的一个让你开始不喜欢自己的错误。闭上眼睛,做几次深呼吸,然后放松。现在想象一下,自己犯了同样的错误,但以健康的自尊做出回应,此时的你说话和做事会有什么不同。想象用慈悲心和理性的思考来对待自己是健康自尊的一部分。把这个故事写在一张单独的纸上或写在手机里,在任何需要的时候阅读,从而提醒自己犯错是没关系的。

今日收获

我的目标不是停止犯错,而是利用它们来学习和成长。

活动 37　感恩的力量

你知道吗

感恩是一种感谢和欣赏的态度。当我们实践感恩态度的时候，我们会更加关注并赞美生活中的和自己身上的闪光点。这提高了我们对于环境和自身所感到的幸福与平和的水平，并有助于健康的自尊。

亚历克斯觉得自己陷入了困境。他讨厌早上起床时听到父母唠叨他做家务；讨厌坐在课堂里听无聊的老师讲课；也讨厌放学后去工作，包括囤货和对不认识的顾客表示友好；还讨厌晚上坐在房间里，假装做他不关心的作业。亚历克斯唯一感到高兴的是跟女朋友莉亚在一起。但最近，即使是莉亚也无法让他摆脱坏心情。

"我已经厌倦了，"莉亚告诉他，"你所做的就是谈论不好的事情。我不想再听到你说你糟糕的父母、课程或工作了。你的生活没那么糟糕，亚历克斯。你只是不珍惜你所拥有的，而且我认为你也不再欣赏我了。也许，我们不应该经常待在一起了。"

"等等，"亚历克斯说，"我很抱歉我这么沮丧。我只是找不到任何理由感到高兴。我不想失去你，但我又不知道该如何改变生活。"

"你不必改变生活，"莉亚说，"你只需要改变态度。与其抱怨，不如开始感恩，关注好的方面。你应该庆幸你还有父母，不然你就是个孤儿；你应该庆幸你很健康并且可以上学，因为现在某个医院里就有一个孩子愿意付出任何代价来参加你那无聊的课程；你应该庆幸你有一份工作，这样你就可以给车加油，去商场和电影院！"

"你是对的。"亚历克斯说，"当你这样说的时候，我意识到确实有很多事情要感谢。我希望我能保持这种态度。"

"只要继续关注生活中所有的美好事物，"莉亚说，"你会感觉更快乐，别人也会更好地与你相处。"

试一试

像亚历克斯一样，我们中的很多人都把许多事情视为是理所当然的。我们忘记了能够拥有是多么的幸运。有很多人没有下面所列出的选项，想想如果没有这些，生活会是什么样的，然后圈出那些让你感恩的选项。

拥有视觉	能够睡觉的床	阅读能力
有地方居住	说话的能力	教育
冰箱中有食物	言论自由	大脑功能正常
朋友	拥有味觉	爱的能力
拥有听觉	家人	能够自主呼吸

请填完以下句子：

我很感激 _____

我感到很幸运，因为 _____

有一个事物我非常感激，就是 _____

我一直非常感激的事物是 _____

试着发现并感激身上的优点,并请在以下每个类别中说出你感激自己的三件事。

身体上

1. _____
2. _____
3. _____

精神/情感上

1. _____
2. _____
3. _____

心灵上

1. _____
2. _____
3. _____

再试一试

接下来的一周,请你关注生活中的美好事物。每天晚上睡觉前,写下当天你感恩的五件事。你可以在http://www.newharbinger.com/50003找到练习表格。它们可以是"我能从床上起来"到"我赢了田径接力赛",再到"今天阳光很好"。在你入睡之前，请持续思考。

第1天

1. _____
2. _____
3. _____
4. _____
5. _____

第2天

1. _____
2. _____
3. _____
4. _____
5. _____

第3天

1. _____
2. _____
3. _____
4. _____
5. _____

第4天

1. _____
2. _____
3. _____
4. _____
5. _____

第5天

1. _____
2. _____
3. _____
4. _____
5. _____

第6天

1. _____
2. _____
3. _____
4. _____
5. _____

第7天

1. _____
2. _____
3. _____
4. _____
5. _____

在一周结束的时候,请描述一下对生活中美好事物的关注是如何影响你的。

今日收获

我关注生活中所有美好的事物。

活动 38　可能性的力量

你知道吗

你的人生只会被你的思想所限制。当你看到存在于每一刻、每一种情况和每一个人的无限可能性时，你就有能力成长、改变，并成为你想成为的人。

乔希和布赖恩叔叔一起钓鱼。话题转到了家族企业，乔希抱怨说父亲希望他有一天能加入家族企业，但他对此毫无兴趣。他也对自己的课程、课后工作或篮球队没有兴趣。他觉得自己被生活困住了，有时甚至想逃跑。

布赖恩叔叔问乔希为什么不做一些改变。"那是不可能的，"乔希说，"父亲希望我进入这个行业，因为我是最年长的。我必须参加某些课程才能进入大学，但我宁愿去警校。我必须在快餐厅打工，因为我没有任何其他经验。而且，我不能放弃篮球，因为我从小学就开始打了。"

"这些很多是'必须做的事情'和'不能做的事情'，"布赖恩叔叔说，"看来你在从非常狭隘的角度看待生活，这真的会很限制你。"

"你是什么意思？"乔希问："我怎么能有不同的看法呢？"

"与其看困境，不如看可能性，"布赖恩叔叔说，"和你父亲谈谈，解释一下你未来真正想做的事情；修改你的课程，为成为警察做准备；申请新工作，看看会发生什么；尝试一项新的运动，或者暂时停止运动。"

"但我觉得被困住了，"乔希说，"什么都不会改变。"

"你只是被困在了你的思维里，"布赖恩叔叔说，"事实上，每一刻都在提供无限的可能性。我们今天决定钓鱼，但这随时可能改变。我们可以决定现在就回家，也可以躺在码头上小睡一会儿。我甚至还可以把你推到水里，然后跟着你跳进去，一起游泳。

"你可能会觉得你被家庭、经历或性格所困，但实际上，你只是被思想所困。如果你相信有选择，你就会开始看到可能性。当我们向无限的可能性敞开心扉时，就可以扩展和成长，并从面前的数百万条道路中选择我们想要的任何道路。"

试一试

请列出你平常一天做的10件事，并在每件事之后，列出你可以做出的不同选择。它不一定是你真正会做的事情，只要打开思路，接受新的可能性就可以了。例如，如果你通常从床的右侧下床，则可以换为从床尾下床；如果你通常说"嗨"，你可以改为说"嘿"或"你好"。让你的头脑练习不同的思维方式。

平常的活动	替换选择

续　表

平常的活动	替换选择

在下面的话中，请圈出一个或多个你觉得被它困住的想法，或者写出属于你自己的。然后，打开思路，写下你可以选择的不同想法。

"我是一个失败者。"_____

_____

"我不能改变。"_____

_____

"我不好。"_____

_____

"我是愚蠢的。"_____

_____

"我什么都做不好。"_____

_____

"我永远不够好。"

其他：

再试一试

打开思路就像打开一扇门。你打开的门越宽，你看到的就越多。

站在你当前所在的房间门口，把门打开2.5厘米，到刚好能看到外面的程度。请把你看到的门外空间里的物品罗列出来。

将门打开15厘米，数一数你能看到的物品多了多少。

将门打开1米,数一数你现在能看到的物品多了多少。

_____

_____

请列出你感到陷入困境的情况。

_____

_____

_____

从以上所列出的情况中选一项,以一个受限的角度去描述它,即你的思维之门只打开了2.5厘米。

_____

_____

_____

将你的思维之门打开15厘米,描述你所看到的新的可能性。

_____

_____

_____

把你的思维之门打开1米,描述你现在看到的可能性。

_____

_____

_____

如果可能性是无限的,明天你会做什么不同的事?

___

___

如果可能性是无限的,下个星期你会做什么不同的事?

___

___

如果可能性是无限的,明年你会做什么不同的事?

___

___

如果可能性是无限的,你会选择如何看待自己?

___

___

今日收获

每时每刻,我都可以从无限的可能性中做出选择。

活动 39 信念的力量

你知道吗

信念是一种强烈的信仰和确信感。当你深深相信自己和目标时,你就会获得克服挑战的力量,去追逐梦想,保持真实的自我。

安德莉亚经历了很多。她生来就有许多心脏问题,在她5岁之前需要进行多次手术,这使她无法参加许多活动。当事态变得很艰难时,父亲离开了家,母亲只好从事第2份工作来养育安德莉亚和妹妹梅兰妮。因为妈妈没有钱支付日托或保姆的费用,小时候的安德莉亚和梅兰妮放学后经常两个人待在一起。在那些下午,她们会与珍奶奶视频聊天。珍奶奶会辅导她们做作业,鼓励她们,分享她的智慧,或者有时只是讲一些有趣的故事来逗她们笑。

珍奶奶在生活中也经历了很多。她的母亲在一次事故中丧生,她在八年级就辍学了,以便照顾妹妹们。妹妹们长大后,她才终于拿到了高中毕业证书,并遇到了约翰尼爷爷。在他被征召入伍之前,他们生了两个孩子。战争使约翰尼爷爷沮丧,他开始用酗酒来应对。他回家后,珍奶奶又陪他一起渡过了接受治疗和戒酒的难关。

"生活中总会有挑战。"珍奶奶告诉安德莉亚和梅兰妮。

"既然我们无法摆脱它们,就必须学习如何应对它们。当遇到困难时,你能做的最重要的事情之一就是永不放弃!你可能会同时面临来自朋友、学校、健康或家人的挑战。你可能会觉得有人在打压你,每次你试图站起来时,他们又把你推倒了。但如果你坚信你能做到,你就能做到。"

试一试

想象一下,下图的身体轮廓代表了你。请以能表现你自己充满力量和信念的方式填充或装饰它。使用颜色、线条、形式或纹理来描绘对自己坚定不移的信念。

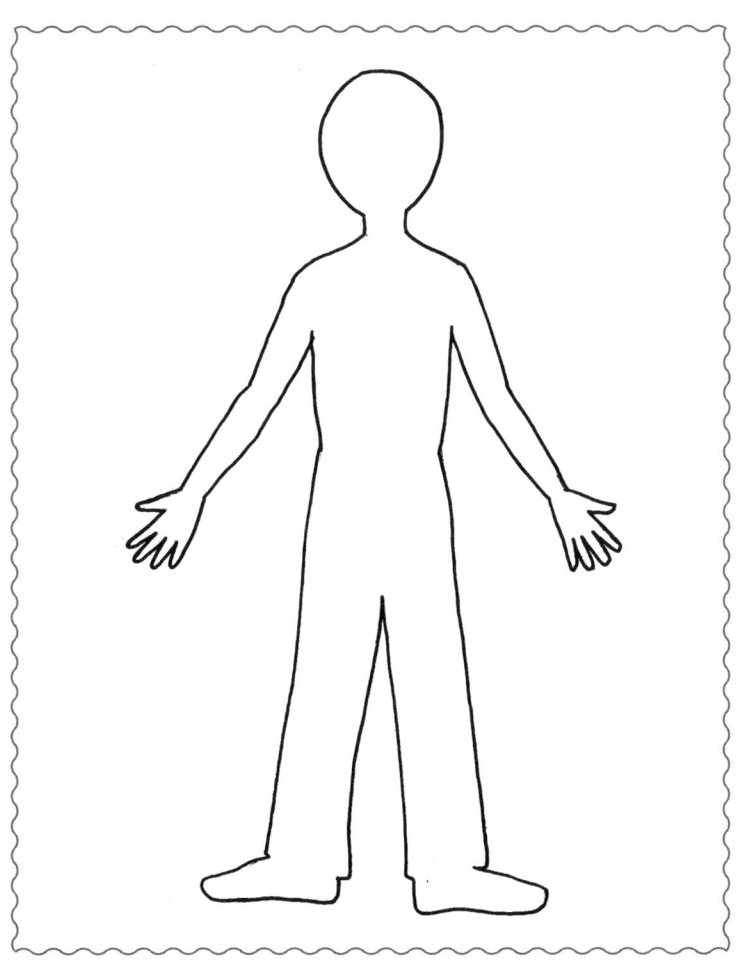

在图片周围,写下信念的表述。

可以从这些建议中选择,也可以写下属于你的。

我相信我自己。
我拒绝气馁。
我不会放弃。
我相信积极的结果。
我相信好事将会发生在我身上。

再试一试

请列出你在生活中所获得的任何成就。这些成就可以是心理上的、身体上的或精神上的,也可能与家庭、朋友、学校或活动有关。在最难实现的目标旁加注"☆",并说说如果你在实现这些目标之前就放弃了,你的生活将会有怎样的不同。

_____
_____
_____
_____
_____
_____
_____
_____
_____
_____
_____
_____
_____
_____
_____
_____

在以上所列的成就中选出一项用于下图。请把你的成就写或画在图片底部的横线上，在障碍赛道起点的地方画出你自己，并在路程终点写下或画出你的成就。在每一个障碍上，写下或画出你必须克服才能达到目标的东西。例如，如果成就是通过英语课，那么障碍可能是考试、论文或打分严格的老师。

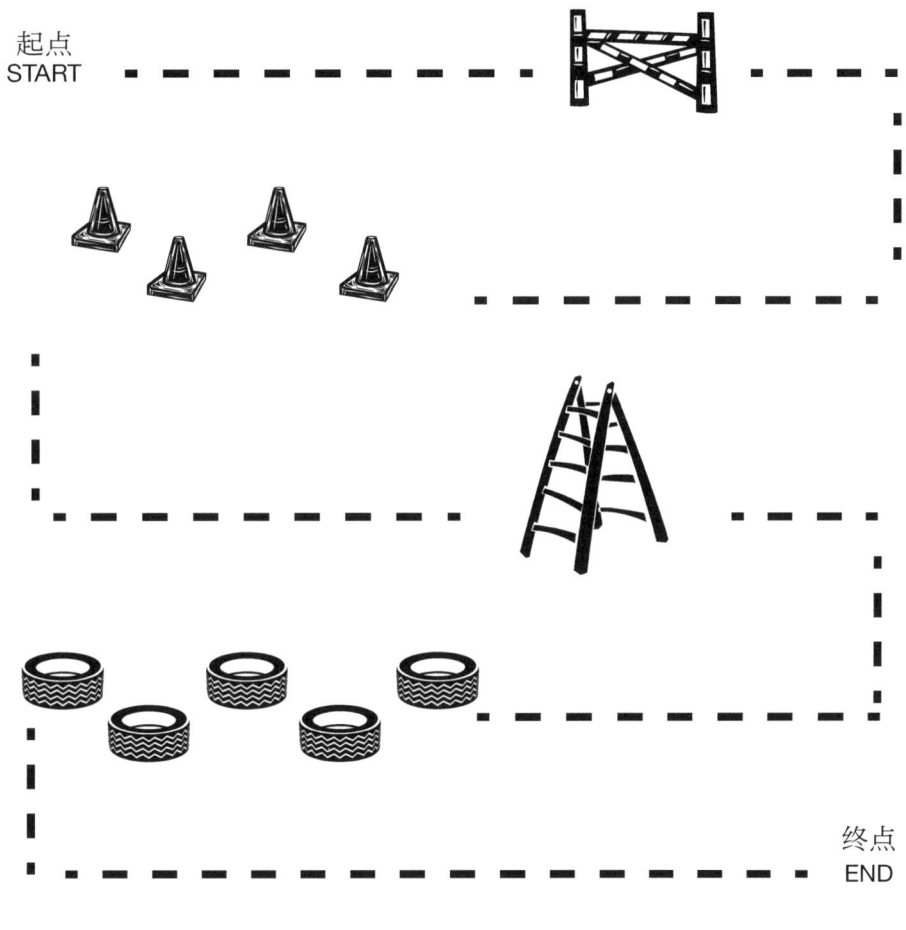

在下一张图的底部写下你正在面临的挑战，在障碍赛道的起点画出你自己，并在路程终点处写下或画出你的目标。在每一个障碍处，写下或画出一些可能使你难以达到目标的事物。

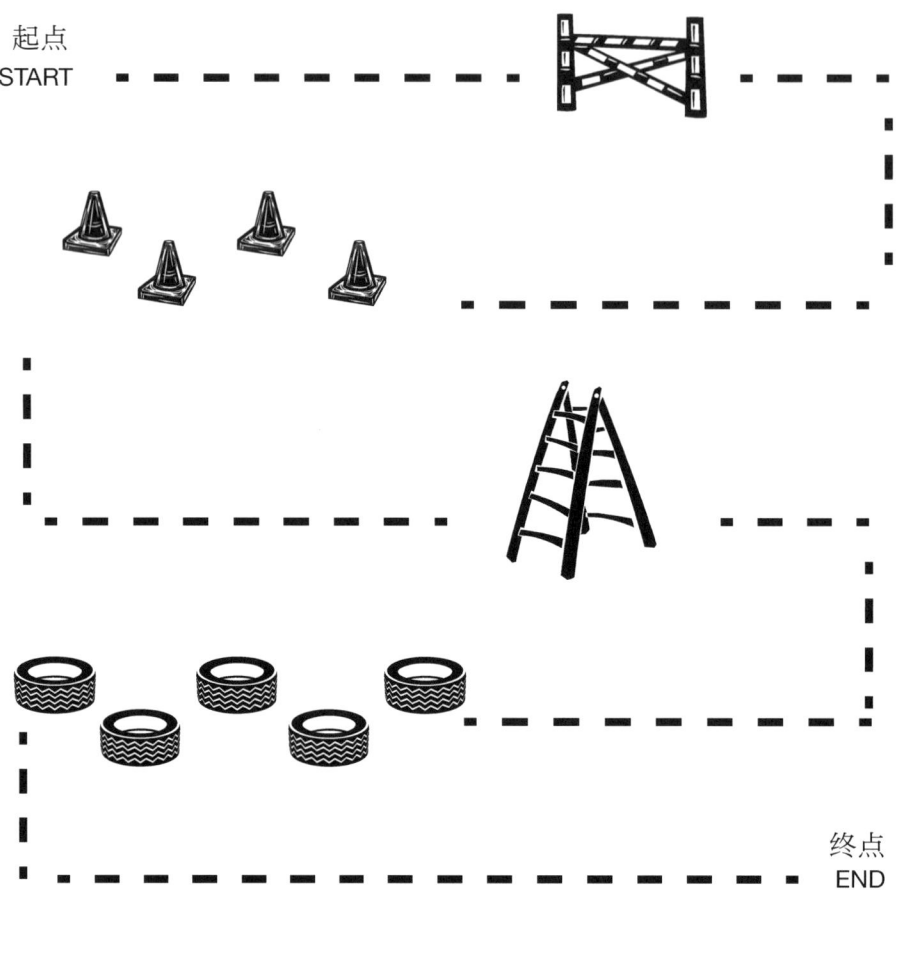

今日收获

我拒绝放弃！我拒绝气馁！

活动 40　责任的力量

你知道吗

把你的生活归咎于他人或外部环境会让你失去力量，导致消极和无助。承担对生活的责任意味着你需要对自己的思想、感受和行为负责，它会让你找回自己的力量并成为更真实的自我。

英语老师埃尔南德斯先生要求詹姆斯下课后留下来。詹姆斯一直是一个写作出色、英语成绩优秀的学生，但他最后的几篇论文都晚交了，而且当他不情愿却还是来上课时，也已经不在课上互动了。埃尔南德斯先生问詹姆斯是否发生了什么事。

"很多，"詹姆斯说，"我没有进入排球队，因为教练对技术太挑剔了；妈妈还要嫁给那个我几乎不了解的人。我对这些人毁了我的生活感到非常生气，现在他们也毁了我的成绩。"

"这些事情听起来很难，"埃尔南德斯先生说，"我不怪你感到难过。但听起来，你好像在把自己的不快乐和不成功归咎于他人。"

"嗯，这是他们的错。"詹姆斯说："如果教练更通情达理，我就能加入排球队；如果我妈妈没有做傻事，我就可以更专注于学业。"

"当我们不喜欢生活中的某些事情时，"埃尔南德斯先生说，"责备别人可能会感觉更容易一些，因为这样我们就不需要做任何改变了。但责备使我们成为无能为力的受害者，它还会造成不健康的自尊，因为在内心深处，我们知道幸福是我们的事,而不是别人的。"

"但是教练和妈妈不会改变主意,他们的所作所为对我影响很大,而我对他们无能为力!"詹姆斯说。

"所以收回你的权力,"埃尔南德斯先生说,"问问教练,你能为明年加入球队做些什么不同的事情,然后改进并向他展示你的能力;同时,让母亲知道你的感受,然后决定不会让她的选择来影响你的幸福。你要对自己的行为和感受负责,责备只会导致消极和无助,而承担责任则可以让你成长为真实的自我,发挥真正的潜力。"

试一试

菲奥娜因为抽烟被抓,还被学校停课了。她责怪哥哥,因为是他给了她香烟。

菲奥娜要如何才能夺回自己的权力呢?

加文历史考试不及格。他责怪老师,因为她没有给同学们提供复习指南。

加文要如何才能夺回自己的权力呢?

杰玛因为连续三个晚上太晚回家(均超过了晚上10点的宵禁)而被禁足了。她责怪父母把宵禁时间设定得太早了。

杰玛要如何才能夺回自己的权力呢?

安吉尔对埃文很生气,因为埃文把安吉尔告诉他的不要说出去的秘密给说出去了。埃文指责安吉尔一开始就不该告诉他。

埃文要如何才能夺回自己的权力呢?

伦敦的自尊很低,她责怪父母对她太严厉。

伦敦要如何才能夺回她的权力呢?

再试一试

在任何描述你为自己的行为而责备别人的情景旁写一个"B"(blame,责备)。

_____ 我踢到脚趾了。

_____ 我的书掉了。

_____ 我在人行道上或走廊上摔倒了。

_____ 我的考试或论文得分很低。

_____ 我弄洒了饮料。

_____ 我因为和兄弟姐妹争吵而惹上麻烦。

_____ 我感到生气。

_____ 我撞到了人。

_____ 我忘记做家务了。

_____   我没听到闹钟而睡过了。

_____   我在打球时错失了一球。

_____   我忘记做家庭作业。

_____   我弄丢了家庭作业。

_____   我的卧室很乱。

_____   我不小心打碎了一扇窗户、一盏台灯或其他物品。

_____   我上学迟到了。

_____   我的话费用超了。

请圈出所有你应当负责的事情，并在空白行上添加你自己的其他答案。

我的感受	我的功课
我的行动	我说了什么
我的自我感觉	我想了什么
我的工作	我如何对待自己的身体
我的信念	_____
我如何对待其他人	_____
我如何对待自己	_____
我的家务	

请说出你将自己的不开心归咎于他/她的人名。

在家：_____

在学校：_____

和朋友们：_____

你可能已经知道了自己不健康的自尊来自哪里。这是理解，不是责备。一旦理解了，你就需要负责进行改善了。请描述一下，你能为承担建立更健康的自尊的责任做些什么。

你需要改变哪些想法？

你需要改变哪些行为？

在另一张纸上，给你责备过的人写一封信。告诉那个人你要收回你的权力（你来决定是否真的要寄出这封信）。

今日收获

我通过对自己的行为负责来保持我的权力。

活动 41　积极决策的力量

你知道吗

积极的决策最有可能产生积极的结果。当你做出一个积极的决定时，即使它不是最容易执行的决定，你也会创造出更好的机会来获得积极的结果。

杰马尔的弟弟被抓到抄袭了网上的一份论文，而不是自己写。他还开始和那些名声不好的孩子待在一起。杰马尔很担心，并问他发生了什么事。

"抄论文比自己写要容易得多，"弟弟说，"我不擅长写作；而且我知道我可能会和那些孩子一起惹上麻烦，但做冒险的事情很有趣，感觉很酷。"

"抄袭论文或许看上去更简单，"杰马尔说，"但看看之后发生了什么——你被勒令停学了一天，不得不重写报告，爸爸妈妈还禁足了你。你的决定一开始似乎是积极的，但事实并非如此，因为它带来了消极的结果。和那些孩子一起玩也一样，和他们一起出去玩可能感觉上很酷，但结果会是什么？"

"我知道会是负面的，"弟弟说，"但当你现在就可以拥有一些好东西的时候，就很难有耐心等待其他更好的了。"

"我知道，"杰马尔说，"但你愿意有较小的等候问题，还是较大的负面结果问题？积极的决定会产生积极的结果，你也会对自己感觉良好；消极的决定不仅会带来消极的结果，还会让你最终对自己感觉不好。你值得获得更好的，所以去想想如何做出让生活更好而非更糟的选择。"

试一试

针对每种情况，请写下一个可能的积极决定和一个可能的消极决定，并说明每种决定可能产生的结果。

朱莉娅只想买一枚糖果，但她必须排长队才能买单。她没有多少时间，所以她想把糖果放在口袋里，然后走出去。

可能的积极决定：_____

结果：_____

可能的消极决定：_____

结果：_____

瑞克总是希望扎克能和他说话，因为扎克真的很受欢迎。一天，扎克让瑞克在即将到来的考试中替他作弊。

可能的积极决定：_____

结果：_____

可能的消极决定：_____

结果：_____

克洛伊的男朋友希望和她比她想要的更亲密。克洛伊怕如果她不同意，他会和她分手。

可能的积极决定：_____

结果：_____

可能的消极决定：＿＿＿＿＿＿＿＿＿＿＿＿＿＿＿＿＿＿＿＿＿＿＿＿

结果：＿＿＿＿＿＿＿＿＿＿＿＿＿＿＿＿＿＿＿＿＿＿＿＿＿＿＿＿

布兰登得知了一位没人喜欢的学生的一些个人信息。他知道公布这些信息会让他看起来很酷。

可能的积极决定：＿＿＿＿＿＿＿＿＿＿＿＿＿＿＿＿＿＿＿＿＿＿＿＿

结果：＿＿＿＿＿＿＿＿＿＿＿＿＿＿＿＿＿＿＿＿＿＿＿＿＿＿＿＿

可能的消极决定：＿＿＿＿＿＿＿＿＿＿＿＿＿＿＿＿＿＿＿＿＿＿＿＿

结果：＿＿＿＿＿＿＿＿＿＿＿＿＿＿＿＿＿＿＿＿＿＿＿＿＿＿＿＿

安雅的叔叔身患绝症住院，她打算和家人一起去看望他。然而，之后她又被邀请去参加在同一天举行的一年中最好的聚会。

可能的积极决定：＿＿＿＿＿＿＿＿＿＿＿＿＿＿＿＿＿＿＿＿＿＿＿＿

结果：＿＿＿＿＿＿＿＿＿＿＿＿＿＿＿＿＿＿＿＿＿＿＿＿＿＿＿＿

可能的消极决定：＿＿＿＿＿＿＿＿＿＿＿＿＿＿＿＿＿＿＿＿＿＿＿＿

结果：＿＿＿＿＿＿＿＿＿＿＿＿＿＿＿＿＿＿＿＿＿＿＿＿＿＿＿＿

再试一试

请观察并记录你或其他人在一天中所做的决定。在每个决定旁，如果你认为这是一个积极的决定，就把"＋"圈起来，但如果你认为这是一个消极的决定，就把"－"圈起来，并说明原因。在http://www.newharbinger.com/50003网站，你可以下载本表格来做这个练习。

＋ － 1. _____

_____

因为：_____

_____

＋ － 2. _____

_____

因为：_____

_____

＋ － 3. _____

_____

因为：_____

_____

＋ － 4. _____

_____

因为：_____

_____

＋ － 5. _____

_____

因为：_____

_____

请描述一个你曾经做过的积极决定及其结果。

_____
_____
_____
_____
_____
_____

这个结果对于你的自尊有什么影响?

_____

请描述一个你曾经做过的消极决定及其结果。

_____
_____
_____
_____
_____
_____
_____

这个结果对于你的自尊有什么影响?

请想象并描述一个所有人都只做积极决定的世界,并说说它和现在的世界有什么异同?

今日收获
积极的决定会给我带来积极的结果。

活动 42　直面挑战的力量

你知道吗

当情况看起来很棘手时，你可能想忽略、逃避或让它消失。但是，当不直面挑战时，我们最终会让事情变得更糟。面对挑战有助于我们对自己感觉更好，并建立健康的自尊。

西德尼因为上课迟到而被处以留校。她应该把留校通知单带回家，让父母签字，并在周五放学后于学校待1个小时。西德尼知道父母会禁足她。他们最近还一直在找她麻烦，这会让事情变得更糟。当她走向公共汽车时，留校通知单从书里掉了下来，落在了地上。西德尼犹豫了，她没有把它捡起来，而是看着风把它吹走。西德尼笑了，"这样就解决了这个问题。"她想。

星期一早上，西德尼的父亲接到了副校长的电话。西德尼现在因为没有去第一次留校而被再次留校了。再多一次留校，她可能会被勒令停学。西德尼的父母将她禁足2周，一是因为被留校，二是因为没有告诉他们这件事，他们称之为"故意遗漏的谎言"。

西德尼试图通过回避问题来解决问题。但她没有摆脱问题，而是在第一个问题的基础上创造了另一个问题。当不直面挑战时，我们会让事情变得更糟。

试一试

请你说说这些孩子因为没有直面挑战而产生了什么额外的问题。

特蕾西和其他孩子在一起时感到非常紧张,以至于她会在上学前在女厕所里呕吐,但她不愿跟妈妈为她找的心理咨询师说话。

_____

_____

罗布骑自行车撞到了爸爸的车门,因为刮花了车门,所以他试图用泥土掩盖刮痕。

_____

_____

阿曼达不会做数学作业,所以她在考试那天翘掉了数学课。

_____

_____

乔无法在宵禁前回家,他知道父母会生气,所以整晚都没回家以躲开他们。

_____

_____

爷爷去世后,米歇尔头疼得很厉害。她不想去看医生,所以没有告诉妈妈。

_____

_____

再试一试

请圈出为了避免直面挑战你曾做过或看到别人做过的事情,并用空白行补充属于你自己的挑战。

吃太多	服用毒品	花太多时间在电子设备上
喝酒	封闭自己	逃跑
睡太久	待在家里	伤害自己
看太多电视	过度运动	停止进食
工作太多	过度参与活动	_____
避开某人或某事	责怪他人	_____
说谎	否认问题	_____

请描述一个你正在处理且难以面对的挑战。

_____

_____

请说说如果你使用了上面列出的某一行为来逃避这个挑战,会发生什么。

_____

_____

_____

请说说如果你逃避这个挑战，自尊会受到怎样的影响。

_____
_____
_____

请说说如果你直面这个挑战，会发生什么。

_____
_____
_____

请说说如果你直面这个挑战，自尊会受到怎样的影响。

_____
_____
_____
_____

今日收获

直面挑战是解决它们的唯一办法，并且有助于塑造健康的自尊。

活动 43　设定切实的目标

你知道吗

切实的目标最有可能被实现。它们通常包含较小的中间步骤，被称为短期目标。当设定了切实的短期目标，你就有更大的机会实现长期目标。这不仅增加了成功的机会，而且最终还会塑造更健康的自尊。

有时，我们很难实现目标，因为我们设定的目标太高了。例如，我们可能会想："我要彻底改变生活。这个学期我要加入三个社团、学习演奏一种乐器、找一份兼职，并且把成绩从'及格'改为全'优'。"或者，我们可能会想："我真的想通过跑步来获得更好的体形，我打算报名参加2周后的马拉松比赛。"

对于大多数人来说，这两个目标中的任何一个都是不现实的，会造成太多身体上和情绪上的压力。大多数人会耗尽精力并且早早放弃。如果我们把它们设定为长期目标，即需要在更长的时间内完成的目标，我们就有更好的机会去实现更大的目标。然后，我们可以设定切实的短期目标，作为实现长期目标的步骤。例如，加入一个社团、挑选一件演奏乐器、申请一份工作，以及花更多的时间在家庭作业和考试准备上，都分别是实现改变我们生活这一长期目标的切实可行的步骤。而每周开始跑步3次的短期目标，则是朝着拥有更好的体形和跑马拉松的目标所迈出的现实一步。

了解如何设定短期和长期目标可以帮助我们获得更多的成功和更健康的自尊。

试一试

短期目标是指在不久的将来要实现的目标（如通过明天的考试），长期目标是要在更遥远的将来实现的目标（如从大学毕业）。短期和长期目标是相对每个人的年龄和情况而言的。

对于以下每一个目标，如果你认为把它当作短期目标效果更好，就把"短"圈起来，如果它作为长期目标效果更好，就把"长"圈起来。

短　长　流利地说西班牙语　　　　短　长　报名参加西班牙语入门课

短　长　填写一张求职表格　　　　短　长　成为夏令营辅导员

短　长　去上体育课　　　　　　　短　长　每天冲浪1小时

短　长　赢得一场冲浪比赛　　　　短　长　提高体育成绩

短　长　看一场曲棍球比赛以了解玩法　　短　长　成为曲棍球队里最高得分者

写下3～5个短期目标，这些目标将引导以下的孩子们达成他们的长期目标。

作为大一新生，阿里安娜希望有一天能在学校合唱队独唱。

1. _____
2. _____
3. _____
4. _____
5. _____

丘想要换个更好的手机,但需要钱来支付费用。

1. _____
2. _____
3. _____
4. _____
5. _____

克里斯托弗想要在校报上发表一篇文章。

1. _____
2. _____
3. _____
4. _____
5. _____

戴安娜想和查理一起去舞会,但她从未正式认识他。

1. _____
2. _____
3. _____
4. _____
5. _____

再试一试

请在每个阶梯的顶端,写下一个你想在接下来的6个月完成的长期目标。在每级踏杆上,写出一个通向长期目标的短期目标。如果有必要,可以再多写几级踏杆。

我的长期目标　　　　　　　　　　我的长期目标

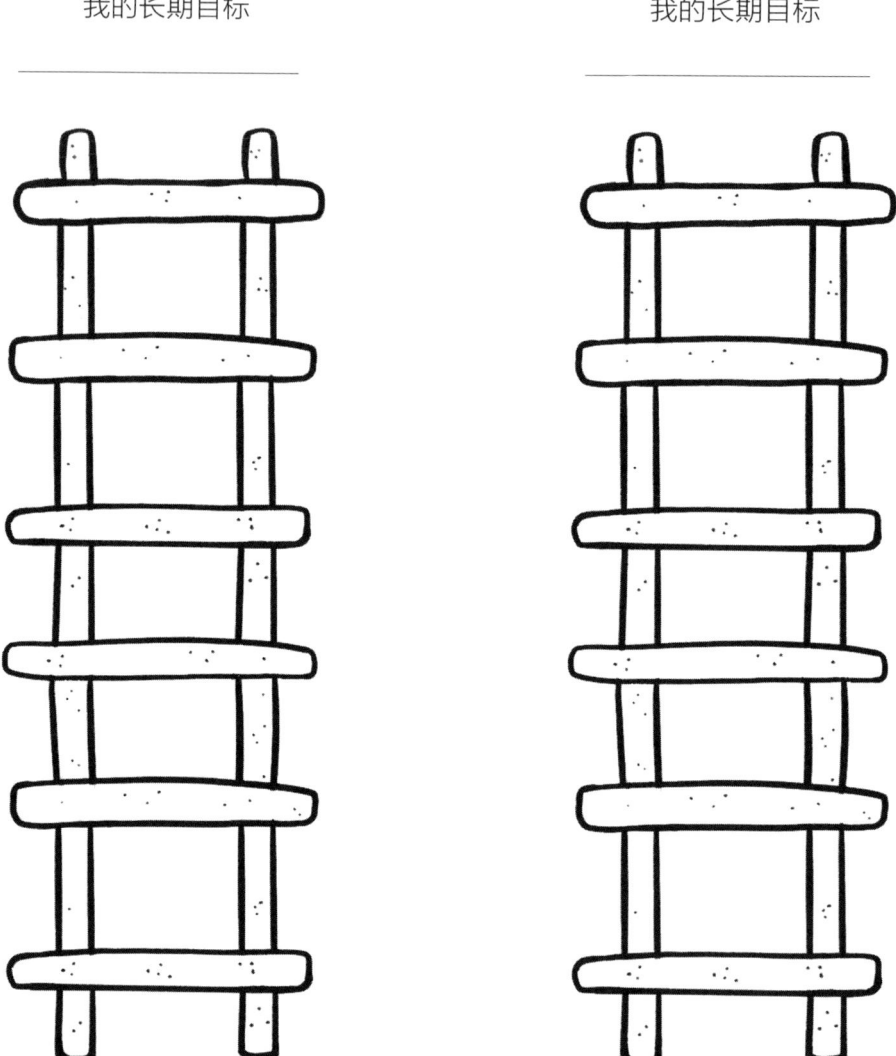

请描述一下，当把自己的目标定得太高，然后又达不到时，你对自己的感觉。

_____
_____
_____
_____
_____

请描述一下，当你实现了一个渴望已久的目标时，你对自己的感觉。

_____
_____
_____
_____
_____

今日收获

我想我会切实地实现我的目标。

活动 44　解决问题的能力

你知道吗

挑战总是存在的，不管你多大年纪或有多聪明，你总要应对它们。然而，你可以学会处理问题，这样它们就不会让你不堪重负或变得虚弱。使用解决问题的技能可以增加你处理生活中小故障的信心，并帮助你建立健康的自尊。

戴夫经常对自己感到失望，总有些事情让他感觉难以处理。课堂作业很复杂，人际关系很复杂，工作也很复杂。一件事情解决了，另一件事情又出问题了，似乎永远不会停下来。戴夫和学校辅导员纳什女士说了自己的挫败，她解释说我们的大部分问题都可以被解决，但是戴夫说他根本不知道从哪里开始，以及如何开始。

纳什女士写下了戴夫可以采取的6个步骤来帮助他解决问题。她以戴夫的第一个挑战"课堂作业很复杂"为例，解释了每个步骤。

第1步：深呼吸，理清思路。
从平静的内心开始可以帮助我们更好地思考！
第2步：明确地定义问题。
当明确地知道需要改变什么时，我们就有更多的机会去改变一些事情。与其只说是"课堂作业很复杂"，戴夫不如更多地去思考是什么让作业如此困难。
戴夫说他从来没觉得自己清楚地理解了这些作业。他上交作业后，老师经常说他没有按照题目要求写。随后，纳什女士更清楚地定义了这个问题，她写道:"很难准确理解老师想要什么。"

第3步:头脑风暴,寻找解决方案。

接下来,纳什女士让戴夫列出他能想到的所有解决方案,不管这些方案听起来多么疯狂或牵强。戴夫想到了这些:

> 在讲解家庭作业时认真听。
> 课后请朋友再解释一遍。
> 用手机录下老师讲解作业的内容。
> 询问能否换一位老师。
> 在开始做作业之前先和老师谈谈,以确保自己完全理解了作业的要求。
> 退学,这样就完全不用做作业了。
> 坐在教室前面的位置。

第4步:选择一个解决方案并做出尝试。

戴夫和纳什女士把清单上的每一条都看了一遍,戴夫决定试试"课后请朋友再解释一遍"这一解决方案。

第5步:评估解决方案的效果如何。

戴夫在下次做家庭作业时尝试了这个方案,但他仍旧没有做得很好。他意识到他也并不确定朋友是否完全理解了老师的要求。

第6步:如果效果不错,就继续做下去;如果不行,请试试清单上的其他方法。

戴夫决定尝试另一个想法:在开始做作业之前先和老师谈谈,以确保自己完全理解了作业的要求。第二天,他就这么做了,结果家庭作业得了一个比之前高很多的分数。

当戴夫将这个方法用于生活中的其他挑战时,他发现有计划和一些熟练运用的技能使他对自己解决问题的能力感到更有信心。这也有助于培养更健康的自尊。

试一试

你解决问题的经验可能比你意识到的要多,并且我们中的大多数人每天都在以多种方式解决问题。下面列出了一些需要解决问题的活动,请圈出你已经知道要如何开展的活动,然后再写一些属于你自己的。

策划派对 　　　　　　　　玩最喜欢的游戏

打扫房间　　　　　　　　_____

组织朋友去看电影　　　　_____

制作午餐　　　　　　　　_____

用手机分享图片　　　　　_____

不管这些活动看上去有多简单,都需要清晰的思路,以及制订并遵循步骤方案。请你从列表中选择2项活动,并写下你完成它们所需要的每个步骤(它可能会与戴夫的辅导员所提供的"六步法"有异同)。

_____　　　　_____
_____　　　　_____
_____　　　　_____
_____　　　　_____
_____　　　　_____
_____　　　　_____

有时候,我们低估了自己在更复杂情况下解决问题的能力。回想过去你已经遇到并解决的更大问题,这些问题可能与学校、家庭、人际关系或活动有关。请在下面的横线上列出你成功解决的问题清单。

___

请描述一个最近发生在你身上且让自尊降低的情况，并说说在解决问题的计划中，可以遵循哪些步骤来帮助你对自己感觉更好。

___

再试一试

下面这项练习可以在http://www.newharbinger.com/50003网站下载，你可以使用里面的练习表来获取更多的记录空间以进行头脑风暴。

请写下一个你最近遇到的问题。

_____

请针对上面这个问题写下一个清晰而简洁的定义,这样你就能准确地知道需要针对什么进行工作。

_____

_____

头脑风暴所有可能的解决问题的方法(为了使头脑风暴更有效,重要的是写下所有出现在脑海中的想法,而不对他们进行评判,无论它们多么不寻常或不切实际,这并不重要,不管怎样都要写下来),尽量把清单写得长一些。如果你需要更多的空间,可以使用另外一张纸。

_____	_____
_____	_____
_____	_____
_____	_____
_____	_____

回头看看你的清单,现在想想哪些想法是可行的或现实的,而哪些又是不可行的。请你选择一个现实的方法作为解决方案,把它写在下面的横线上,并说说你打算什么时候尝试这个解决方法。

_____

_____

在你尝试过这个解决方法后，请评估并描述它的效果如何，即这个方法解决问题了吗？

_____

_____

_____

如果这个方法不奏效，那就请你从清单中选择另一个方法进行尝试，并在下面的横线上描述你所得到的结果。持续地尝试解决方法，直到找到奏效的。

_____

_____

有时，情况会非常复杂或棘手，你无法独自处理。在这种情况下，问题解决计划中的一部分应该是找人来帮助你。请描述一个你可能会遇到的需要寻求帮助的情景，并说说你会找谁来帮助你。

_____

_____

今日收获

我可以通过清晰地思考和尝试不同的解决方案来处理问题，直到找到最奏效的。

活动 45　转变永远不嫌晚

你知道吗

有时，我们会觉得自己犯了太多错误或做了太多消极的选择，以至于被困在一条没有回头路的下坡路上。但事实是，以某种方式扭转局势永远都不晚。每时每刻，我们都有机会重新开始、重新尝试。无论发生什么，你都可以决定从现在的位置开始往上走，而不是继续走下坡路。当你这么做时，自尊也会出现转变。

凯拉相信她这辈子都在惹麻烦，父母也称她为"难管教的孩子"。在蹒跚学步时，她"总爱较真"；在青少年时期，她多次因为做了糟糕的决定而被禁足。她曾入店行窃、在获得许可之前就开走了父母的车，甚至还被抓到过抽烟并被停学了2次。她假装不在意，但其实感觉很糟糕。

凯拉告诉辅导员埃里卡，她多么讨厌自己和她的生活。当埃里卡问她是否想改变时，凯拉说："当然，但我不能。我就是坏。"埃里卡告诉她没有人"就是坏的"，不管他们做了什么事；并且，未来并不由过去决定，而只由行为决定。她教凯拉如何放松、打开思路和在行动之前考虑后果。凯拉不断练习如何意识到自己的选择并做出积极的决定。她得到的积极结果越多，就越相信自己可以改变。在接下来的一年，她的生活和自尊都得到了改善。

在一个温暖的夏夜，盖奇和凯文正开着哈利的车。他们觉得向认识的孩子扔水球会很有趣，并在他们被打湿时大笑起来。但最后，一只水球砸到了一辆路过汽车的挡风玻璃上，导致司机突然转向，差点撞到树上。他报了警，男孩们不得不出庭受审并进行3个月的社区服务。法官清楚地说道："你们需要通过行动来扭转局面，将这个问题变成一个机会，而不要让这些情况限制住你们。"这些男孩成为了家境贫寒且年幼的孩子的小老师。他们辅导孩子完成作业、做运动，或者就只是待在一起。年幼的孩子开始尊重这三个男孩，这件事的转变让人感觉很好。3个月后，法官称赞了男孩们，并说志愿者机构为他们提供了作为活动负责人的兼职工作机会。

试一试

扭转局面需要精力，但一直走在消极的路上只会让事情变得更糟。通过回答下面的问题，请找出你可能做出的积极改变。

请列出你想要改变的任何生活状况，并说明原因。

_____

_____

_____

_____

请描述任何你想改变的习惯，并说说这会对生活有什么积极作用。

_____

_____

请你解释一下，现状和现在的习惯是如何影响自尊的。

请描述任何你想要的改变自尊的方式。

请识别出你想要转变时的想法和感觉。

再试一试

以下词语或短句描述了可以帮助人们扭转局面的行动。请从中圈出任何你觉得可以做的,并在横线上再加一些你自己的。

道歉	尝试一种新的行为方式
补救/赔偿	为别人做好事
创造积极想法	给予爱
原谅	相信自己
承认自己的问题	_____
承担后果并继续前进	_____
解决自己制造的麻烦	_____
求助	_____

确定一个你想要开始努力的转变目标。

_____

请你在上面列出的任何可以用来制订转变计划的行动旁加上一个"☆"。

你的转变是一个长期目标,请为达成长期目标设定一些现实的短期目标。

_____

_____

在本周迈出第一步，请在下面的横线上记录发生了什么。

_____

_____

_____

请你制订一个计划，其中包括什么时候及如何向你的目标逐渐靠近。

_____

_____

_____

_____

_____

_____

_____

重要提示：如果你觉得转变的想法让你无法应对或不可能实现，那就去请一个你信任的成年人帮你开头，或者甚至陪你走完全程。请记住，你完成目标后的良好自我感觉会远远超过这个挑战所带来的任何不适。

今日收获

无论过去做过什么，我总能做出逆转局势的决定，并重回正轨。

活动 46　聪明的人会寻求帮助

你知道吗

寻求帮助并不意味着你没有能力，而是说明你足够强大、聪明，能够意识到自己一个人做某件事会导致消极的结果；或者，如果你和别人商量的话，你会取得更大的成功。在适当的时候寻求帮助会给你带来更多积极的结果，并建立更健康的自尊。

有时，我们认为自己有能力且成熟，只是因为我们一直在自行处理一切。我们不寻求帮助，因为会感到羞耻，或者想象人们会看不起自己。事实上，恰恰相反。虽然对可自行处理的任务培养解决问题的技能很重要，但知道"此时寻求帮助是最好的解决方案"也很重要。

在不同的情况下，寻求帮助或多或少都是至关重要的。如果你一直感到严重抑郁，受到情感或身体虐待，或者生病或处于危险之中，向能够帮助你保持安全的人寻求帮助是不可或缺的。如果你有着糟糕的一天，有人让你难堪，又或者被纸划伤了，你仍然可以请求帮助，但这些可能就不那么举足轻重了。

最聪明且成功的人习惯于在需要帮助的时候寻求帮助。俗话说的"三个臭皮匠胜过诸葛亮"之所以经得起时间的考验，是因为它是真的：来自经验丰富或者知识渊博者的指导可以使你获得正确的信息，从而成功地向前迈进。从老师、导师或朋友那里学习新事物会增长知识，增加获得成功的机会，而这也将有助于建立健康的自尊。

试一试

你是如何告诉自己需要向别人寻求帮助的？

_____

_____

_____

_____

当你产生这些想法时，会有什么感觉？

_____

_____

_____

_____

想想那些帮助你走到这一步的人。这些人可能是父母、其他家庭成员、老师、教练、朋友、邻居、医生、辅导员或其他人。当你学走路时，有人搀你起来；当你学习在自行车上保持平衡时，有人扶住了你；当你学习加法时，还有人向你解释数字和计数。因为这些人的帮助，所以你能够实现目标，并对自我感觉良好。没有人会因为你面对新东西时需要帮助而看不起你。

请列出至今为止你记得的帮助过你的人，并在他们的名字旁边记录下他们所做的事。

_____

_____

帮助是双向的。请列出你曾经帮助过的人,并说说他们是谁,以及你做了什么。

再试一试

作为青少年或年轻人,你比年幼时学到更多东西。如果你想拓展、成长、尝试新事物,那就在你需要帮助的时候寻求帮助,你会获得更多的成功。请列出你现在面临的任何挑战,在面对这些挑战时寻求帮助会是一个明智的选择。从1(低)到10(高)给每个挑战打分,来表示你所获得的帮助的关键程度。

_____

_____

_____

_____

现在头脑风暴一下,请列出你认识并信任的、可能会帮助你完成挑战的人,或者任何你可能接触的新人。在一张单独的纸上或在手机里写下他们的名字及其能帮助解决的问题。然后,添加那个人的电话号码或电子邮件地址,并计划好联系的时间。

当你在寻求帮助的过程中变得更有信心,把这个列表留待将来使用。

今日收获

在需要时求助是智慧的表现,而不是软弱的体现。

总结

恭喜！你刚刚在通过理解、接受、关心真实的自我来塑造健康自尊的旅途中完成了重要的一步！这是你人生中最重要的任务之一。当继续旅程时，你会意识到越来越多的好处。现在，花点时间停下来，放松、微笑、奖励自己。你干得太棒了！